"十二五"职业教育国家规划教材
经全国职业教育教材审定委员会审定

民航概论

MINHANG GAILUN

主　编◎魏全斌
副主编◎陆建华　杨省贵　段剑锋　曾远志　张义光

北京师范大学出版集团
BEIJING NORMAL UNIVERSITY PUBLISHING GROUP
北京师范大学出版社

图书在版编目（CIP）数据

民航概论/魏全斌主编. —北京：北京师范大学出版社，2014.3（2023.10重印）
（“十二五”职业教育国家规划教材）
ISBN 978-7-303-15333-6

Ⅰ. ①民… Ⅱ. ①魏… Ⅲ. ①民用航空-职业教育-教材 Ⅳ. ①V2②F56

中国版本图书馆CIP数据核字（2012）第193991号

营销中心电话 010-58802755 58800035
北师大出版社职业教育分社网 http://zjfs.bnup.com
电子信箱 zhijiao@bnupg.com

出版发行：北京师范大学出版社 www.bnupg.com
北京市西城区新街口外大街12-3号
邮政编码：100088
印 刷：天津旭非印刷有限公司
经 销：全国新华书店
开 本：787 mm × 1092 mm 1/16
印 张：13.75
字 数：240千字
版 次：2014年3月第2版
印 次：2023年10月第22次印刷
定 价：31.80元

策划编辑：姚贵平 庞海龙 责任编辑：庞海龙
美术编辑：高 霞 装帧设计：高 霞
责任校对：李 菡 责任印制：陈 涛

全国高等职业学校航空服务专业系列教材建设
企业专家指导委员会名单

（按姓氏笔画排序）

前言
PREFACE

《国家中长期教育改革和发展规划纲要（2010—2020年）》明确提出：中等职业教育与高等职业教育协调发展，构建现代职业教育体系，增强职业教育支撑产业发展的能力。职业教育为社会、经济和人的发展服务成为职业教育理论工作者与实践工作者的共识。

近年来，随着社会、经济的进步，民航业得到空前的发展。民航业的大发展需要大量道德高尚、素质优良、技能娴熟的一专多能的民航服务人才。正因为如此，一批办学理念先进、教学与实习实训设备精良、师资力量雄厚的民航服务类学校或专业应运而生，为促进民航服务业的发展做出了重要贡献。

要培养高素质的民航服务人才，离不开高质量的学校，离不开高水平的教师，更离不开理念先进、内容丰富、形式新颖的精品教材!为此，我们组织全国行业职业教育教学指导委员会、全国中等职业教育教学改革创新指导委员会、职业教育教学研究机构的专家，全国近20家民航服务企业的行家以及具有丰富的民航服务专业教学与教材编写经验的优秀教师群策群力编写了本套《全国高等职业学校航空服务专业系列教材》。

本套教材立足国内近20家民航服务企业相关工作岗位对人才素质与能力的要求，针对民航服务专业学生职业生涯发展的需求编写。在体系结构上，本套教材涵盖民航服务专业的所有课程，各册教材有机衔接，体系完整。在内容上，本套教材涵盖民航服务的典型工作任务，体现了“贴近社会生活、贴近民航服务工作实际、贴近学生特点”“与职业岗位群对接、与职业资格标准对接、与实际工作过程对接”的“三贴近”“三对接”的特点，注重学生职业核心能力的培养。在形式上，本套教材按照“具体—抽象—实践”的逻辑顺序，设计了“相关链接”“想一想”“练一练”“思考与练习”等栏目，行文中图文并茂，突出了教材的可读性与互动性。既方便教师的教，也方便学生的学。本套教材既可供职业院校航空服务专业学生使用，也可作为民航企业员工培训教材或参考资料。

《全国职业院校航空服务专业“十二五”规划教材》之《民航概论》，由职业教育专家魏全斌担任主编，由陆建华、杨省贵、段剑锋、曾远志、张义光担任副主编。参加本教材编写的人员有：中国民航飞行学院陈新，四川西南航空专修学院刘桦、张菲菲、杨洪光、王建宽，成都航空旅游职业学校程冲、余磊等。全书由中国民航飞行学院杨省贵统稿。

在编写本书过程中，得到了上海机场贵宾服务公司总经理王培立、深圳宝安国际机场安检站站长赵萍、成都双流国际机场安检站副站长夏静、深圳航空公司维修工程部总经理助理王继营、四川新力航空技术有限公司（机务）总经理李元、一汽大众人力资源部部长卢荃等航空企业的专业的指导；吸纳了四川西南航空专修学院、成都航空旅游职业学校、成都礼仪职业中学、成都财贸职业中专学校、成都现代职业技术学校等职业院校骨干教师的宝贵建议；尤其是，由全国各大航空公司、机场服务企业知名的专家和领导组成的“全国职业院校航空服务专业‘十二五’规划教材建设企业专家指导委员”的专家对教材的内容、编写体例等提供了大量的建议，有效地保证了本教材与民航服务企业的实际工作要求相吻合，在此一并表示衷心的感谢。在编写本教材的过程中，我们参阅了相关论著和资料，引用了一些最新的研究成果，但由于时间较紧、联系方式不准确等原因，未能一一征得原成果作者的同意，敬请原成果作者谅解并与我们联系，我们将奉寄稿酬和样书，并在重印或再版时根据原成果作者的要求进行相应的调整。

由于受时间水平所限，教材中难免有不尽如人意之处，恳请广大读者提出宝贵的意见，以便我们修订时加以完善。

目录

CONTENTS

01 第一章 航空业发展概述

27 第二章 民用航空器

目录
CONTENTS

第一章

航空业发展概述

学习目标

1.掌握航空业的分类和民用航空的定义。

2.掌握民用航空的分类和民航系统的组成。

3.了解古人关于飞行的探索历程。

4.了解民航三个发展阶段的主要特点。

5.了解我国民航发展各阶段的特点。

6.掌握我国民航各阶段在世界民航业中的排名。

第一节
航空发展简史

人类看着鸟儿飞行，就梦想着自己也可以在空中自由翱翔。在古老而又遥远的年代，人类就已经产生了飞行的梦想，无论是嫦娥奔月(见图1-1)、列子御风，还是肖史和弄玉乘龙跨凤飞上天……这些数不清的神话和传说，都是人类期盼着升空飞翔的美好愿望和朦胧幻想的体现。为了这一梦想，千百年来人们进行了各种各样的尝试，最终取得了成功，实现了比鸟儿飞得更高、飞得更快的梦想。

一、中国古人关于飞行的尝试

关于飞行的尝试，最早的记录在我国。早在公元前2288—前2255年间，相传有人欲谋害舜，舜手持两个斗笠从着火的粮仓顶上跳下并成功逃生，这是降落伞减速原理成功运用的最早说法。

公元前22世纪，扇子、帆等工具在中国得到应用，这是与空气动力学有关的、最原始的民间实践。在公元前2000年左右，中国人发明了风筝，将与空气动力学相关的实践推到了一个新的高度，这是最早的重于空气的飞行器。现在我们知道，风筝的飞行原理和飞机是一样的，从某种角度来说，风筝也是最原始的飞机。

图1-1　嫦娥奔月

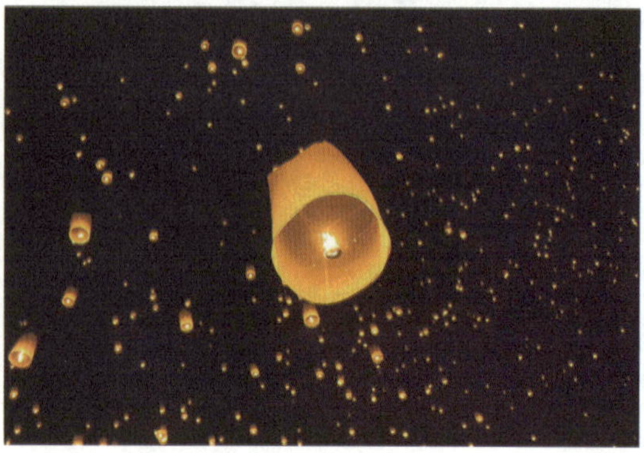

图1-2　孔明灯

春秋时代，鲁国的著名工匠公输般(即鲁班，约公元前507—前444年)和墨子(约公元前468—前376年)先后都制造过能飞的木鸟，这是关于飞机模型的最早记载。

约在公元前200年，相传西汉名将韩信制作了可载人的风筝，张良曾乘其飞行。据传在这一时期，还曾用风筝测量了长安城内未央宫的尺寸，这也是将飞行器用于科学测量的最早记载。

在汉武帝时代(公元前141—前87年)，中国人发明了“烛灯笼”。它可以利用空气的浮力飞上天空，最早作为军队传递信号的工具，后人将它命名为“孔明灯”(见图1-2)，将它的发明权强加给了东汉末年的诸葛亮。相传这一时期，在淮南还有人把热空气灌注于鸡蛋壳内，在大风中进行放飞。这些都是根据热空气密度减小、利用空气浮力升空的最早记载。

西汉末年王莽时期(公元9—23年)，相传有位猎人用羽毛制作了翅膀绑在手臂上，并在身上也黏满了羽毛，从高处跃下进行了滑翔飞行，其目的据说是窥探匈奴的动态，结果滑行了几百步远的距离才落地。

东汉时代的公元78—135年间，相传发明“浑天仪”和“地动仪”的著名发明家张衡也制作出了一只会飞的木鸟，类似于鲁班的“飞机模型”。

在晋朝(265—420年)，葛洪发现了老鹰在一定高度上不扇动翅膀也能滑翔，并解释了其原理;这一期间，中国人还发明了“竹蜻蜓”，作为直升机的雏形得到了世人的认可。

549年，南朝梁国的首都金陵被敌军围困，太子肖纲与大臣羊侃用风筝携带诏书向城外告急，可惜风筝被敌军射下，这是风筝用于军事行动的首次记载。在782年的唐朝，田悦围攻临洺时，临洺守将张丕也放风筝向城外求救，这次获得了成功。

907—979年间，中国的五代时期，相传随同丈夫一起出征作战的莘七娘制作了用松脂点燃加热的、类似于孔明灯的“松脂球”。在元朝的战争中已经运用不同颜色的松脂球作为互相联络、传递信号的工具，将这种热气球的原始形态广泛运用。

1326年，中国的风筝在欧洲得到流传，并逐渐用于军事活动。

据说在清朝初年(1650—1700年)，苏州工匠徐正明历经10年努力探索，终于发明并制成一种名为“栲栳椅”式样的“飞车”，这种飞车内部安置了相应的“机关”，其中“齿牙错合”(相当于今日的齿轮)，在用两脚踏板后，“上下之机转，风旋疾驶而去，离地尺余，飞渡港汊”。这可算是直升机型式飞行器的最原始试验，甚至有人把它视为世界上最早的“飞机”。

▶▶《香山小志》关于徐正明“栲栳椅”的记载

造飞车之某甲，梅社人也，性敏志专一。平生不事酒食征逐，每工散后，人多醉饱游嬉，甲独闭门寂坐，思一奇制以惊鸣于天下。

闻人谈《山海经》，感及奇肱之故事，一旦告归，冥自沉思，伸纸画图，屡涂屡改，寝食俱忘，期年稿始就，按图操斫，有不合者削之，虽百易不改。

家故贫无担石储，至是妻子啼号，爨火不举，不得已而饥驱赴城。甲故有巧名，工肆闻其出山，争致之，丰其薪俸，不半年，囊蓄有余，复归造车如故，囊罄复出，如是者十有余年，而车始成。

其制如栲栳椅子式，下有机关，齿牙错合。人坐椅中，以两足击板，上下之机转，风旋疾驰而去，离地可尺余，飞渡港汊不由桥。甲犹不满，于心谓：须高过楼屋，能越太湖面四五十里，往来缥缈莫登峰(疑为“举”)然复(疑为“后”)致远可恃。正在踌躇再图进步，而年已老矣，未几病卒。其妻嗔其一生财力心思消耗于此，以至饿，填沟壑皆此车为之也，斧之付炊，其制遂绝焉莫考，或曰：徐，其姓，正明，其字。

二、国外的飞行梦想和尝试

和中国人相比，西方人在探索飞行的道路上显得更敢于尝试，更倾向于依靠人力飞行。

在公元前850年，英国人布拉德就将人类的飞行梦想付诸实施，他制作了一副像鸟儿一样的翅膀，绑在双臂上从罗神殿上一跃而下，希望通过自己的努力飞越伦敦城，结果坠地身亡；大约在我国西汉末年的王莽时代，意大利一名演员制作了一对翅膀，想依靠人力扇动翅膀飞行，结果也是失败身亡；875年，相传西班牙的阿布尔·卡希姆在手臂上绑着一对翅膀从高处跳下，滑行了“相当一段距离”；1002—1010年间，阿拉伯人阿尔达瓦里尝试飞行时用一对木制翅膀从高处跳下，也以失败身亡告终；1010年，英国僧侣埃尔默分别在四肢上捆绑了两对人造翅膀，从塔顶跳下尝试飞行，在向前滑翔了约200米后坠地，腿骨受伤；1162年，一名土耳其人用翅膀捆绑在手臂上，尝试滑翔飞行时失败，所幸仅受轻伤……在后来的几百年里，又有多人尝试依靠人造翅膀实现人力飞行，都是以非死即伤告终。

公元前668—前625年间，传说一位居住在巴比伦的埃塔那氏也尝试飞行，不过他是想借助外力升空，试图骑着老鹰翱翔天空，结果当然不会成功。

公元前400年左右，相传智利学者阿凯塔斯也制造并试飞过一只木鸟，和我国的公输般、墨子几乎是同一时代。

公元前287—前212年间，古希腊哲学家、数学家、物理学家阿基米德发现了流体中浮力产生的原理，为后来发明和制造轻于空气的航空器提供了理论依据。

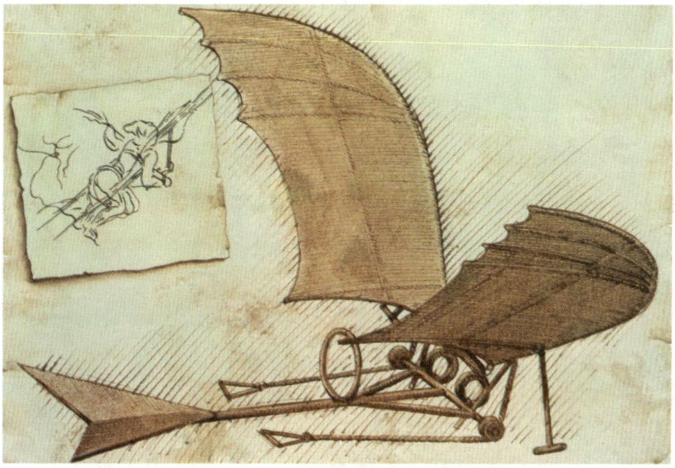

图1-3 达·芬奇的“扑翼机”模型图

1325年，在佛兰德古国出现了一种可以靠拉绳驱动旋转的竹蜻蜓，类似于中国的竹蜻蜓玩具，被西方认为是最早的“动力”模型飞行器。

1485年，意大利文艺复兴三杰之一的达·芬奇绘制了“扑翼机”模型图(见图1–3)，已经类似于现代的飞机结构，只是仍然停留在依靠人力实现飞行的幻想上。后来，他还绘制了热气球构想图、撰写了“论鸟飞行”一文，通过在平滑表面的吹风实验确定了流线型的概念。在他有生之年，共绘制有关飞行器设想的草图达200余幅。

1606—1679年间，意大利自然学家玻列里研究了鸟的飞行，发现鸟扇动翅膀时力量非常大，这力量与鸟自身重量的比例是人力远远不能达到的，认识到了靠人的体力是不可能飞上天空的，这样的结论有助于结束几百年来人们盲目的冒险试验。

1686年，法国人马里奥特写成了人类最早的流体力学专著——《论水和其他流体之运动》。1738年，瑞士物理学家丹尼尔·伯努利出版了《流体动力学》一书，在其中阐述了流体运动速度和压力的关系，并首次提出了螺旋桨理论。

1749年，英国哥拉斯哥大学天文学教授威尔逊用6只风筝，吊着气象仪器升入1600米的空中进行探测，这是历史上第一次将风筝运用于气象观测。

三、静力飞行——气球时代

在人类意识到依靠自身体力难以实现飞行梦想后，许多尝试者开始思索通过另外的途径探索飞行，用得最多的是利用静止空气产生的浮力升空，即静力飞行。

1670年，意大利修道士吉·拉那设想利用真空铜球产生的浮力升空，并绘制出“真空球”设计图，这是人类第一幅现代气球设计图。设计图利用4个抽成真空的铜球产生的浮力来吊起一只吊舱，但吉·拉那却没有考虑到大气的压力是铜球的强度不能承受的，在“真空球”飞起来之前，大气压早已把铜球压扁了。

1709年8月5日(也有说是8月8日)，巴西人古斯芒神父用粗帆布制成一个吊有吊舱的热气球，以麦秆和羊毛为燃料，在葡萄牙为约翰五世国王做了热气球飞升表演，这个热气球号称是“世界上最早的热气球”。热气球一直上升到3.6米高的天花板处，虽然下降过程并不完美，不幸引燃了窗帘，但国王约翰五世认为这并不是一件坏事，这是一项伟大的发明。

1731年，俄国人克拉库特诺伊·费尔文制造并试飞了靠燃烧杂物产生热空气的小型热气球，但这个热气球未得到世人及史料的认可。

1782年11月25日，法国的蒙哥尔菲兄弟利用点燃麦秆后产生的热气，使一只直径1米、高17米的、以柳条为骨架、外部蒙有纸皮的热气球升空，这只气球被公认为世界上第一只飞行成功的热气球，但这只气球并没有达到实用阶段。

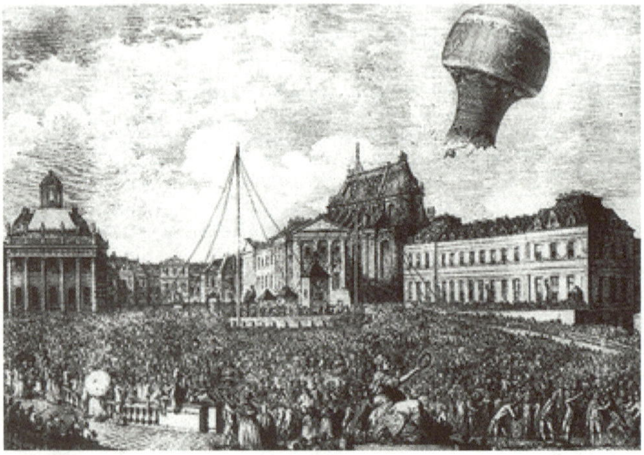

图1-4 “蒙哥尔菲气球”实验

1783年6月4日，蒙哥尔菲兄弟在巴黎昂诺内广场上进行了热气球放飞的公开表演。他们用羊毛和稻草作燃料，将一只亚麻布材质的热气球放飞到457米高度，经过10分钟飘飞了2 300米，为人类征服天空提供了切实可行的工具，多年后人们在此地立碑纪念这一伟大壮举。同年9月19日，他们奉命为路易十六夫妇做热气球表演，当着3万多观众的面，将一只鸭子、一只公鸡和一只绵羊载入热气球，上升到518米高度(也有资料说450米)，经过8分钟时间飘飞了3 200米，降落在一片树林中，该气球名声大噪，被国王路易十六赐名为

“蒙哥尔非气球”(见图1–4)。

后来蒙哥尔非兄弟计划用热气球进行载人飞行试验，从监狱里选出了两名囚犯用于载人试验，国王认为人类首次飞行试验的荣耀不能留给囚犯，最后由法国科学家罗泽尔与达兰德斯侯爵于10月15日乘坐“蒙哥尔非热气球”升空飞行，首次飞行采用系留式放飞，上升到了27米的高度。11月21日，二人再次乘坐“蒙哥尔非热气球”，从巴黎波旁王朝皇家行宫庭院中升空，经过20分钟的飘飞，降落在巴黎意大利广场上，这是人类第一次利用热气球自由飘飞，为人类征服蓝天的历程留下浓墨重彩的一笔，人类的活动空间从此正式进入空中(见图1–5)。

图1–5 首次热气球载人飞行

除采用热空气托举气球升空外，人们还在尝试用密度较小的氢气作气球填充物。人们发现，氢气球的性能明显好于热气球，氢气比100℃的热空气产生的浮力要大4倍。1783年1月9日，法国人布朗夏尔在美国费城为乔治·华盛顿总统公开表演了氢气球飞行，飞行高度达到了1524米，这是美洲大陆第一次放飞飞行器。

随着氢气球性能的不断完善，很快就取代了热气球。1783年12月1日，法国科学家夏尔在巴黎做氢气球公开表演，他与助手罗伯特乘坐氢气球上升到650米高度，经过2小时飘飞了43千米，降落在巴黎郊外的田野上，成为人类历史上首次利用氢气球飞行的尝试者。紧接着二人又再次升空，飞行高度达到了2 750米，飘飞了35分钟，他俩成为“一天内两次看到晚霞的人”。

气球出现后，很快就被应用到军事领域。就在气球载人飞行的第二年(1784年)，法国大革命期间，人们就利用系留式载人气球进行战场观测。1789年，法国陆军组建了一支气球侦察部队，航空器在军队中从此有了正式编制。1849年8月22日，在意大利独立战争中，奥地利军队利用200只吊有30磅炸弹的纸质热气球升空，期望对水城威尼斯进行轰炸，后因风向改变导致轰炸失败。从此，飞行器也逐渐演变成杀伤性武器。

1793年，法国人布兰查德在飞行中遇到气球故障，用自制降落伞成功跳伞逃生，这是降落伞进入实用阶段的最早记载。

1794年10月，法国在沙里米顿成立了一所“国民航空学校”，用于培养气球飞行员，这是世界上第一所航空学校。

气球出现后也很快应用于科学实验领域。1803年，比利时人罗伯逊利用系留式气球将设备载入7 000米高空进行了电火花试验。次年6月30日，俄国萨哈洛夫院士与罗伯逊合作进行了首次科学探空飞行，他们乘坐气球飞到了2500米高空，进行了电磁效应等科学实验，并多次采集了空气样品。

四、静力飞行——飞艇时代

尽管人类利用气球实现了飞上蓝天的愿望，但在天空中只能飘飞，还不能自由飞行，人们探索飞行的脚步还需要继续往前迈进。

1784年，法国陆军军官梅斯涅设想将动力装置安装在气球上，使之成为可以自由飞行的飞行器，并绘制了草图，在一只雪茄形气球下安装动力装置，这种飞行器被称为“飞艇”(也有资料称为“汽艇”“飞船”)。

同年，法国人布朗夏尔将这种设想付诸实践，在气球下方安装了用手摇动的螺旋桨，幻想着靠它产生的拉力飞越英吉利海峡，虽然这种设想以失败告终，但也是对利用飞艇自由飞行的最早尝试。同年9月，法国的罗伯特兄弟制造出一艘以氢气为填充物的“飞艇”，气囊呈流线型，容积940立方米，直径2米的绸制空气桨需由7人摇动，该“飞艇”费力地、歪歪扭扭地花7小时“飞行”了几千米，仍然达不到自由飞行的初衷。

1837年，英国人乔治·凯利开始研制飞艇。他设计了以蒸汽机为动力、带动2副5叶螺旋桨的原始飞艇，并首次提出了飞艇制造中对气球结构布局作一定改变的理念：硬式结构、全金属气囊、长圆形分隔舱，尽管设计最后未能实现，但这一设计使凯利成为现代飞艇设计的鼻祖。

图1-6　世界上第一艘飞艇

1852年9月24日，法国人亨利·吉法尔制造并成功试飞了人类历史上第一艘真正意义上的飞艇(见图1-6)。飞艇摒弃了球形气囊，采用枣核形气囊，用一台2 200瓦的蒸汽机驱动直径为2.13米的三叶螺旋桨，安装了三角形尾舵。当日飞艇从巴黎起飞，时速达到了9.4千米/小时，由于未考虑操纵问题，飞艇起飞后不能返回出发地点，耗时3小时左右飞行了28千米，降落在特拉普斯。

1884年8月9日，法国军官路纳德和克里布制造并试飞了一艘以蓄电池供电的“法兰西”号电动飞艇，该飞艇飞离出发点4千米后返航，飞行高度300米，飞行时间

25分钟，最高时速达到了24千米/时，降落过程中进行了数次前后转动，以对准着陆地点，飞艇终于进入了可操纵阶段。

飞艇的出现，使人类进入了自由飞行的时代。

在飞艇的历史上，德国退役将军、硬式飞艇的发明者齐柏林将飞艇推到了它的发展顶峰，齐柏林因此被后世称为“飞艇之父”(见图1-7)。齐柏林于1900年制造了第一艘硬式飞艇，1908年制造了当时世界最大的飞艇LZ-4号，后来又制造了LZ-5号、LZ-6号和LZ-7号，并与艾肯纳博士合作成立了世界上第一家航空公司——德拉格公司，1909年开始使用飞艇从事航空运输。齐柏林逝世后，他的继承人艾肯纳博士决定建造大型可环球飞行的飞艇，开辟洲际长途客运，并于1927年7月建成了“格拉夫·齐柏林”号飞艇，1929年8月完成了环球飞行。这一时期成为了飞艇的“黄金时代”，直至1937年5月6日，由齐柏林公司制造的可载近百人作跨洋飞行的大型飞艇“兴登堡”号，在美国新泽西州莱克赫斯特海军基地着陆时，因静电火花引起爆炸，加上这时飞机性能又有极大提高，才使飞艇退出了航空运输的舞台(见图1-8)。

图1-7 齐柏林肖像

图1-8 “兴登堡”号飞艇失事

五、动力飞行时代

人们利用轻于空气的气球和飞艇实现了翱翔蓝天的愿望，但人们并未满足于现状而停止探索飞行的脚步。探索者们发现鸟是重于空气的，那就必然能够制造出重于空气的航空器，使人像鸟儿一样自由飞翔。人们未能制造出重于空气的航空器，不是因为重于空气的飞行器不可能实现，而是人们还未找到飞行的真谛，航空先驱们经过不停地探索，开创了动力飞行(利用空气和航空器的相对运动产生的空气动力来飞行)时代。

在重于空气的航空器发展历程上，被称为“世界航空先驱”“英国航空之父”的著名科学家乔治·凯利(见图1-9)的成就让人们迈出了实质性的一步。1796年，就在

图1-9　乔治·凯利

气球飞行成功后不久，乔治·凯利设计制造了以弹簧为动力的直升机模型，并试飞成功，据说其中一架曾飞到25.5米的高度。时隔三年之后，他又开始设计滑翔机，1804年，他用风筝改制成机翼，制成了第一架固定翼滑翔机模型。当年年底，为了测量平板机翼的升力和阻力，他又自制了旋臂机。这些早期的空气动力实验设备，开创了航空实验的先河。1809年夏季，凯利又在约克郡制成世界上第一架全尺寸载人滑翔机，他利用这架滑翔机进行滑翔试验，多次成功滑翔到“几码远”的地方去，因此也有人称凯利为“滑翔机创始人”。就连后来的莱特兄弟对他的成就也大加赞誉。同年，凯利还发表了著名论文——《论空中航行》。

后来的1849年，一名十岁男孩乘坐凯利制造的第一架载人滑翔机，通过人力牵引、从山坡上向下滑翔飞行成功，飞行高度只有数米。1853年8月，已经80岁高龄的凯利制造出第二架可载人的滑翔机，并由他的马车夫在极不情愿的情况下，坐着这架滑翔机飘飞过一个小山谷，这是最早有明确记载的成年人乘滑翔机的自由飞行。

在前人理论和实践的影响下，一些尝试者还制作了各种各样的飞机模型来探索飞行。1840年，在凯利的影响下，英国航空先驱威廉·萨姆爱尔·亨森开始试制飞机，并成立了自己的航空运输公司。1847年，他制造了一架名为“阿里埃尔”、重4.5千克的缩比飞机模型，在试飞中它借助斜坡助跑起飞，曾飞到19~24米远。1858年，法国海军军官德拉克鲁瓦制造出由发条驱动起飞的单翼飞机模型，升空后改用微型蒸汽机推动前进，这是第一架依靠自身动力起飞的飞机模型。

在越来越多的滑翔机和有动力的飞机模型试飞成功后，人们意识到只要在滑翔机上安装上合适的发动机，飞机飞行成功的梦想就能实现了。但当时的动力只能选择蒸汽机，在英国的亨森制造出“阿里埃尔”飞机模型之前，他和助手于1842年就设计出名为“空中蒸汽车”的飞机(见图1-10)，并申请了“重于空气的飞行器”的专利，尽管这架以蒸汽机为动力的飞行器是以失败告终，但它也是人类对飞机所做的最早研究探索试验之一。直到1860年，法国人艾·勒努瓦发明了以汽油作燃料的内燃机，使人类在动力领域内发生了革命性的飞跃，才使真正意义上的飞机诞生成为可能。1862年，法国人德罗埃又提出了四冲程内燃机工作原理，并在4年后由德国人奥拓成功制造出世界上第一台四冲程汽油发动机，为将来飞机的发明奠定了动力基础。在飞机发明后的半个世纪里，活塞发动机(汽油内燃机)几乎是飞机的唯一动力。

图1-10　享森的“空中蒸汽车”

图1-11　兰利教授

1891年，美国航空先驱者兰利教授(见图1-11)出版了《空气动力学试验》一书。他在连续试验了几十个飞机模型之后，终于在1896年试飞了第一架采用功率为1马力的蒸汽发动机驱动的飞机模型，经弹射起飞后可飞出1 600米远。1898年，他得到政府5万美元的资助，用于载人飞机的研制，但未获得成功。后来美国政府又多次注入资金到载人飞机的研究，都以失败告终，1901年，兰利研制的第一种采用汽油内燃机为动力的“空中旅行者”全尺寸载人飞机经过多次试飞失败、最终也未能飞上天空，美国政府终止了对他的经济援助，并得出结论：重于空气的载人飞行器是不可能成功的。

但其后不久，1903年12月17日，德裔美国人、自行车修理者威尔伯·莱特和奥维尔·莱特兄弟在美国北卡罗来纳州的一个叫基蒂霍克小镇外的山坡上，成功试飞了他俩经过多次试验后制造出的、靠自身动力起飞的“飞行者一号”(见图1-12)。第一次试飞由哥哥威尔伯在上午10点35分开始驾驶，飞行了12秒，飞行距离36米。下午弟弟奥维尔也进行了试飞，当天一共试飞了四次，留空最长的一次时间达59秒，飞行距离260米(见图1-13)。这架装有12马力活塞发动机、靠自身动力起飞的“飞行者一号”被公认为人类的第一架飞机，莱特兄弟也被公认为飞机的发明人。可惜当时美国政府刚得出了载人飞机不可能成功的结论，媒体也不相信两个自行车修理工能成就人类的飞行梦想，所以第一天试飞没有得到媒体的参与，只有在附近干活的几个农夫见证了人类这一跨时代壮举。从此，一幅征服蓝天的大幕逐渐拉开……

图1-12　莱特兄弟和飞行者一号

图1-13 第一架飞机试飞

莱特兄弟探索飞行成功之后，陆陆续续有更多的先驱们也制造并成功试飞了自己的飞机，飞机性能越来越好：速度越来越快、高度越来越高、航程越来越远……1909年7月25日，法国早期飞行家布莱里奥驾驶自己制造的“布莱里奥11型”飞机，历时37分钟从法国加莱飞到英国多佛尔，成功飞越英吉利海峡，成就了人类的第一次国际飞行，也因此获得了英国《每日邮报》提供的1000英镑奖金(见图1-14)。

飞机发明的初期，都是航空爱好者们自己动手设计制造飞机和驾驶飞机，我国的第一位航空人、旅美华侨冯如也在此行列中。1894年，12岁的广东恩平人冯如随舅舅来到美国旧金山，6年后到纽约攻读机械制造专业。1909年9月制造了自己的第一架飞机，1910年7月又制造了第二架飞机。1911年2月，辛亥革命爆发后，他毅然带着自己的飞机回国，跟随孙中山进行航空救亡宣传。1912年8月25日，冯如在广东向塘的飞行表演中不幸失事遇难，享年29岁(见图1-15)。

图1-14 布莱里奥和他的飞机图

1-15 中国航空之父——冯如

第二节
航空业的种类

航空业发展初期，只是一个单一的行业，航空爱好者自己设计飞机、制造飞机、驾驶飞机和维护飞机。随着航空制造技术的不断发展，飞机的数量越来越多，航空器被广泛应用到了各个领域，从事航空业的人员也越来越多，航空业成为20世纪人类认识和改造自然活动最活跃、最有影响的产业，也是人类文明高度发达的重要标志，航空业的分工也越来越细化。

一、航空业的分类

从20世纪20年代开始，航空业逐渐分成了三个既相对独立又紧密联系的行业：航空器制造业、军事航空、民用航空。

航空器制造业是整个航空业的基础，没有航空器制造业，所有的航空活动都成了无源之水、无本之木。航空器制造业是机械制造领域中的一个重要部门，它研究和使用最新技术，制造出适用于各种目的的航空器以及配套设备，供民用航空、军事航空使用。目前，民用航空器的两大制造商是美国的波音公司和欧洲的空中客车公司，中国商用飞机有限责任公司正在奋起直追，有望成为全球第三大民用航空器制造商。

军事航空是利用航空器从事保卫国家以及维护国家内部稳定的各种航空活动。军事航空的主要力量是空军、海军和陆军航空兵也占有重要的地位，警察和海关利用航空器打击犯罪和打击走私，也属于军事航空的范畴。

民用航空简称民航，是利用各种航空器从事的军事性质以外的所有航空活动的总称(见图1-16~图1-19)。

图1-16 播洒农药

图1-17 森林灭火

图1-18　抢险救灾

图1-19　飞行员培训

二、民用航空的分类

根据业务范围不同，民用航空可分为商业航空和通用航空两大类。

商业航空又叫航空运输，是利用航空器从事的以营利为目的的客货运输活动。商业航空是交通运输业的一个重要组成部分，与铁路、公路、水路和管道运输共同组成了国家的交通运输系统。由于其较快的速度、远距运输能力及较高的效益，航空运输在运输业中所占的比重不断提升，并且在经济全球化的浪潮中和国际交往上发挥着不可代替的的作用。

除商业航空外的民用航空部分统称通用航空，它包罗的内容、范围非常广泛。按照国际民航组织(ICAO)的分类，通用航空又分为航空作业和其他类通用航空两个部分。

航空作业是指利用航空器进行专业性操作，为工业、农业以及其他行业提供航空支援进行的活动，主要包括工业航空、农业航空、航空科研和探险活动以及在搜寻、救助、航拍等其他领域的运用。其他类通用航空包括公务航空、私人航空、飞行训练和航空体育活动等。

三、民航系统的组成

民航系统由政府部门、民航企业和民用机场三大部分组成。

政府部门主要实施对民航的管理。民航业对安全要求高，且涉及国家主权和交往的事务多，必须进行严格有效的管理、迅速的协调和统一调度，因此几乎所有国家都设立了独立的政府机构来管理民航，我国由中国民用航空局来负责民航管理。

民航企业包括从事和民航业有关业务的各类企业，和普通人接触最多的是我们常说的航空公司，它们利用航空器从事生产运输，是民航业生产收入的主要来源。除航空公司外，民航企业还有诸如航材、销售、通用航空等部分。

民用机场是民航和整个社会的结合点，也是一个地区的公众服务设施之一，因此它既带有营利的企业性质，又有为地区公众服务的事业性质。世界上大多数民用机场都是在地方政府管辖之下的半企业半事业性质的机构。

第三节 民航的发展历程

莱特兄弟发明了飞机后，相当长一段时间内，飞机都只用作航空宣传和飞行表演，第一次世界大战爆发后又很快用于战争。直到战后开始从事航空运输，才给普通民众的生活方式带来了变化，这样的变化随着民航的一步步发展还在继续着……

一、民航的初创时期(1919—1937年)

早在1914年1月1日，美国就在佛罗里达州的圣彼得堡开辟了世界上第一条定期民用航线，将刚发明十个年头的飞机用于民用领域。这条定期航线航程只有35千米，所用的飞机也只能搭载一名旅客，飞机此时也仅仅是在飞艇作为航空运输主力的时代的一支小小插曲，还算不上民航的开始。

也就在这一年，爆发了第一次世界大战，飞机因其独特的性能很快就被应用到战争中，参战国大量制造并使用飞机，4年战争期间，共制造了十多万架飞机。战争的需要让刚刚准备起步的民用航空事业中断下来，但却让飞机制造技术上升到了一个新台阶，使飞机的数量和性能得到了很大的提高。战争结束后，遗留下来大量的飞机和机场，这些数量庞大的飞机、机场推动着飞机这一年轻的航空器进入民航运输的舞台。

第一次世界大战结束后，在航空较发达的欧洲各国政府的支持下，民用航空在欧洲开始起步。1919年的巴黎和会上，法国政府草拟了一份《航空公约》，这份公约被写进了《巴黎和约》，得到了许多国家的支持，有38个国家签署了这份公约，后来该公约被称作《巴黎公约》，是世界上第一部国际间的航空法。有了《巴黎公约》，民用航空的起步阶段就有了法律的约束和受到法律的保障了。

1919年年初，德国在欧洲国家中首先开辟了国内航线从事民航运输，同年8月，英、法两国也开通了定期航线，随后欧洲的一些航空公司自发联合，组建了旨在促进国际航空运输发展和方便乘客的非政府组织——国际航空运输协会(IATA)，并很快在欧洲建立起了联系各国的航空网，真正意义上的民用航空从这一年才算开始。

图1-20 DC-3飞机

随后，民用航空航线网络迅速从欧洲扩展到了北美、亚洲、非洲，最后发展到全球各地，中国也于1920年5月8日开通了北京和天津之间的第一条国内航线。然而这段时期的民航运输，几乎都是亏本，靠政府和其他机构的补贴维持着，其政治和军事意义远大于经济意义。直到美国道格拉斯飞行器公司1935年制造的DC-3飞机的出现才扭转这一局面，使飞机通过航空运输也能赚钱，DC-3飞机也因此获得了“第一种能赚钱的飞机”的美名(见图1-20)。1937年巨型飞艇“兴登堡”号失事，使飞艇退出了航空运输舞台，市场份额让飞机独揽，促进了DC-3运输机的推广。

相关链接

道格拉斯飞行器公司，由其创始人唐纳德·维尔斯·道格拉斯创建于1921年7月。1924年4月6日，道格拉斯公司设计的双翼机首次环球飞行取得成功，同年9月28日，该型号飞机再次环球飞行取得成功，使道格拉斯本人和道格拉斯飞行器公司名声大噪。

道格拉斯飞行器公司最著名的产品为DC-3运输机，该型飞机是在航空史上最具代表性的飞机。该机型于1935年推出，可运载30名旅客，航程达到3420千米，并首次在飞机上配置了厨房。第二次世界大战爆发后，DC-3型运输机又衍生出了军用型C-47运输机，先后共生产了一万多架，担负过的任务数不胜数，全球各地的机场都留下过它的身影。苏联大名鼎鼎的里-2飞机也是它的仿制品。

1967年，道格拉斯飞行器公司过分扩展DC-8、DC-9运输机和A-4“天鹰”攻击机，导致了公司资金链和产品质量发生问题，最终不得不与麦克唐纳飞行器公司合并为麦克唐纳·道格拉斯公司，简称麦道公司。1996年12月15日，仅次于波音和空客、在世界民用航空器制造业中排名第三的麦道公司被波音公司收购，极大地增强了波音公司的竞争力，也改变了民用航空器制造领域三足鼎立的局面。

二、民航的大发展时期(1945—1958年)

1939年爆发的第二次世界大战和第一次世界大战一样，也极大地促进了航空器制造技术的发展。在这次战争中，出现了喷气式发动机，喷气推进技术将飞机的速度推上了一个新的台阶。战争结束后，这些技术应用到民用领域，使民用航空进入了恢复和大发展时期。这一时期，民用航空的发展表现在以下几个方面：

第一，国际航空迅速发展，1944年54个国家在美国芝加哥举行会议，共同签署了国际民用航空公约——《芝加哥公约》，这个公约成为现在国际航空法的基础。根据公约的规定，在1947年成立了国际民航组织(International Civil Aviation Organization，ICAO)，从此在世界范围内有了统一的民用航空管理和协调机构，各个国家随即建立起自己的民航管理机构，代表政府参加这一国际组织，民用航空从此成了有统一规章制度的世界范围的行业。到2000年，全世界共有185个国家参加了这一组织，我国也是国际民航组织成立伊始的成员国之一。

第二，机场和航路网等基础设施大量兴建，使民用航空由过去的点线结构向面上发展，逐步形成了一个全球范围的航空网。

第三，直升机进入民航服务，民航又多了一种航空器，为民航开辟了新的领域。

第四，喷气式民用飞机进入了实用阶段，为民航的大发展奠定了基础。

喷气式飞机是在1939年由德国首次制造成功，紧接着英、美和苏联也制造出了自己的喷气式飞机，但在第二次世界大战中喷气式飞机未得到使用，直到后来的朝鲜战场上，喷气式战斗机才大放异彩。而第一架民用喷气式飞机是1950年投入使用的英国“子爵”号(见图1–21)，但“子爵”使用的涡轮螺旋桨发动机，和以前的活塞发动机相比，除了发动机结构简单、维护方便之外，仍然采用螺旋桨驱动，速度和高度的提升不大，喷气式推进技术的优越性并未得到充分展示，因此未能开启喷气式时代。1952年，英国又将安装四台涡轮喷气发动机的“彗星”号(见图1–22)客机投入使用，在随后两年内出现了3次空中解体，使喷气式客机的推广受挫，但喷气式飞机的优越性已经逐渐显示出来。1956年，苏联的“图–104”也投入航线运营，但仍然未能开启民航的喷气式时代。

图1–21 “子爵”号飞机

图1–22 “彗星”号客机

真正使民用航空进入喷气式时代的飞机是1958年投入使用的波音707客机(见图1–23)和次年投入使用的道格拉斯公司的DC–8客机(见图1–24)。但这两种飞机对它们的制造者却起到了完全不同的作用，波音707将波音公司推上了世界民用航空器制造业的头把交椅，DC–8却将道格拉斯航空器公司逼上了穷途末路，9年之后因资金和质量问题，公司不得不与麦克唐纳公司合并。

图1–23　波音707客机

图1–24　DC–8客机

相关链接

波音707客机是美国波音公司于1957年在原空中加油机KC–135的基础上研制而成的，1958年交付使用，直至1991年关闭生产线，波音707共获得1010架订单，中国民航也曾购买10架该型飞机，后来我国还曾仿制过波音707，称为“运十”(见图1–25)。

图1–25　“运十”飞机

波音707以4台涡轮风扇发动机为动力，单台推力8615千克，最大巡航时速972千米/小时，最大爬升率17.9米/秒，实用升限11818米，航程6317千米。驾驶舱机组人员4名，经济舱、公务舱两级布局载客219人，全经济舱载客258人，主要市场定位于长途干线运输。

道格拉斯飞行器公司的DC–8客机，于1955年6月开始设计，1958年5月30日首飞成功，次年9月交付使用。包括后来合并后的麦道公司生产的DC–8–70系列客机，直至1987年全部交付完毕，共生产666架。

DC–8采用4台涡轮风扇发动机，先后生产了5个批次，不同批次更换过发动机，推力略有不同，它视波音707为最大竞争对手，稍晚于波音707投入运营，DC–8的客舱更宽大，可以不经停留横跨大西洋飞行。不同批次DC–8载客量不同，从176人到259人不等，最大时速946千米/小时，航程7 400千米。

三、民航的全球化、大众化时期(1958年至今)

喷气式飞机进入民航，使整个民航系统发生了显著变化，民航进入了全球化、大众化的发展阶段。

首先，对航空公司的影响。由于喷气式飞机的出现，使得远程、大众化、经济性好的航空运输成为可能，在巨大的市场需求和利润的驱使下，各航空公司积极地开拓市场，参与国际竞争。在发达国家成立了大量有一定规模的航空公司，并最终形成数十家大型航空公司，发展中国家也把参与国际航空市场作为国家尊严和地位的象征，全力支持航空公司发展，使全球民航事业一片繁荣。

其次，对机场发展的强烈促进。由于喷气式飞机的尺寸、重量、噪声带来的一系列问题，旧的机场已经不敷使用，必须进行大规模的改造以适应喷气式飞机的要求，同时兴建新机场来满足日益增大的客货流量要求也成为一个不间断的过程。时至今日，旧机场改造、新机场兴建这个潮流仍在继续。

最后，促进了航管系统的发展。航行管制系统从航路建设到航行情报，都需要跟上喷气式时代，以适应民航进入了全球化、大众化发展阶段的需要。

这一时期，民用飞机的发展朝大型化和高速化两条路迈进。大型化的代表作是波音公司的波音747大型喷气式客机，从1970年投入运营以来，独占大型民用飞机鳌头长达37年，直到空中客车公司的A–380出现才将这一格局更新。1969年，英、法联合研制成功的“协和”超音速客机则是高速化的代表作，它的巡航时速高达2150千米。

波音747客机(见图1–26)是1/3双层的宽体客机，也是世界上第一种双层客机、首款宽体客机，载客量是将民航带入喷气式时代的波音707的两倍。

波音747于1965年8月开始研制，1969年2月试飞成功，1970年1月美国泛美航空公司获得首架该型飞机并投入使用。波音747设有两层客舱，较短的上层前方为驾驶舱，后方标准布置为公务舱，下层前方为头等舱、后方为经济舱。波音747共有100型、200型、300型、400型等型号，1990年5月后，除400型外，其他型号均已停产。为回应竞争对手A–380飞机，2005年11月14日，波音公司又启动了波音747–8项目。2011年2月13日，第一架波音747–8洲际客机正式下线。

波音747以4台涡轮风扇发动机为动力，不同型号和批次分别采用了惠普、通用电气和罗罗公司生产的发动机，400型最大巡航时速945千米/小时，典型巡航时速895千米/小时，航程13570千米。典型的三级座舱布局载客416人，全经济舱载客568人。波音747–8型洲际客机在波音747–400基础上有所加长，运营成本有所降低，典型的三级座舱布局可载客467人，最大航程14815千米。

A-380客机(见图1-27)是法、英、德和西班牙四国联合的空中客车公司研发的550座级全双层、超大型远程客机，有“空中巨无霸”之称。A-380是首款将每名乘客百千米耗油量降到3升以下的飞机。

1994年6月，空中客车公司宣布了超大型客机“A-3××”研制计划，2000年12月正式改称“A-380”，2005年4月27日首飞成功，2006年12月获得适航认证。2007年10月，首架A-380客机交付新加坡航空公司并于当月25日投入商业运营，首次商业飞行从新加坡樟宜国际机场飞往澳大利亚悉尼国际机场。

A-380客机安装4台涡轮风扇发动机，最高巡航时速945千米，正常巡航时速902千米，升限13100米，航程15100千米。标准的三级座舱布局载客555人，两级座舱布局载客644人，全经济舱载客861人。

图1-26 波音747客机

图1-27 A-380客机

A-380于2006年11月22日首次飞临中国，抵达广州新白云机场；2008年5月31日，空客公司装配的A-380装载2000余顶帐篷抵达成都双流国际机场，参加了汶川大地震救灾活动；2008年11月3日首次参加中国珠海航展；2010年8月1日，隶属于阿联酋航空的A-380抵达北京首都国际机场，开辟了中国第一条由A-380执飞的定期航线；2011年10月15日中国南方航空公司接收了首架A-380飞机，成为中国首家、全球第七家拥有A-380飞机的航空公司。

英法联合研制的“协和”超音速客机(见图1-28)于1969年研制成功，1976年1月21日正式从事商业运营，由英国航空公司和法国航空公司用于横跨大西洋的飞行。是迄今为止世界上唯一投入运营的超音速客机，一共生产了20架。

图1-28 “协和”超音速客机

“协和”超音速客机采用三角翼布局，装有4台涡轮喷气发动机，巡航时速2150千米/小时，航程5110千米，可载100名乘客。由于速度超过了地球自转速度，旅客乘坐它从欧洲飞往美洲时，常常是“还没出发已经到达了”，如果是在日落时分起飞，甚至还能看到“太阳从西边升起”的现象。

2000年7月25日，一架“协和”超音速客机在巴黎戴高乐机场碾过一架DC-10飞机脱落的金属片，引起胎爆，胎爆的碎片以超音速击中机翼油箱后引起飞机失火坠毁，终结了“协和”超音速客机25年的无事故纪录，造成机上109人全部遇难、地面4人死亡的惨剧。这次事故在人们心中产生了极大的阴影，从此，超音速航班上座率一蹶不振，致使航空公司严重亏损，不得不在2003年10月24日将“协和”超音速客机全部退役，终止了超音速客机的运营。

第四节 中国民航的发展概况

尽管中国人对于飞行的梦想和实践远远早于其他国家，但几千年的封建制度制约了中国科学技术的发展，航空器的发明还是让欧美国家领先了。轻于空气的航空器在出现后近一个世纪才传入中国，并且没有多大的实用价值，但重于空气的航空器——飞机，在出现不到6年的时间，中国旅美华侨冯如就制成了他的第一架飞机并飞行成功，冯如于1910年带着自己的飞机回国，从事航空救亡宣传，也拉逐渐拉开了中国民航发展的序幕……

一、旧中国时期民航的发展

1911年辛亥革命之后，南方革命政府、北洋政府和其他地方势力都看到了航空在军事活动中的优势，并积极发展航空，在北京、广东、东北组建空军，把航空用于军事目的。

1918年，北洋政府设立了航空事务处，这是中国第一个主管民航事务的管理机构。1920年开通了中国第一条国内航线——北京和天津之间的航线，飞机正式在中国从事民用航空运输；1936年又开辟了广州到河内的第一条国际航线，标志着我国民航跨入了国际运输行列。这一时期，中国还与外国合资组建自己的航空公司，1930年与美商合资组建了中国航空公司，次年与德国汉莎航空公司合资组建了欧亚航空公司。1941年德国作为日本的盟国，又承认南京汪伪政权，中国收回欧亚航空公司的股权，并于1943年在原欧亚航空的基础上改组为中央航空公司。截至1936年年底，全国共有航线里程超过两万千米。

1937年抗日战争的爆发终止了中国民航事业的发展，但民航却成为了中国和当时支持中国抗战的国家和团体之间的主要联系方式。1939年成立的中苏航空公司开辟了重庆到莫斯科的航线，为苏联支援我国抗日运送人员和物资。中国航空公司(简称中航)和中央航空公司(简称央航)在抗战期间，执行了从印度穿越喜马拉雅山到昆明进而到重庆的飞行任务，运送盟国支援抗战的物资和人员。当时飞机的升限不能飞越世界屋脊，有的地方只能在山谷中穿行，并且还随时有可能遭到日本空军的袭击，两航为主的民航人用生命和鲜血维持了这条航线的畅通，使抗战物资和人员源源不断地送到前线。这条被称作“驼峰航线”的空中运输线，成为航空史上的一个奇迹，也是旧中国民航人为抗战作出的巨大贡献(见图1–29)。

图1–29 “驼峰航线”上的飞机

二、新中国时期民航的发展

1949年10月1日中华人民共和国成立后，同时也掀开了新中国民航发展的新篇章。1949年11月9日，当时总部已搬迁到香港的中国航空公司（简称“中航”）和中央航空公司（简称“央航”），在中航第11任总经理刘敬宜和央航唯一一任总经理陈卓林的领导下，宣布两个航空公司4000余名员工起义，接受中央政府的领导，并于当天率领两个航空公司12架飞机飞回大陆，这就是中国民航史上著名的“两航起义”。两航起义为新中国民航事业奠定了人员和物质基础，获得了毛泽东主席、周恩来总理的高度评价(见图1–30~图1–32)。

图1–30 “两航起义”部分人员

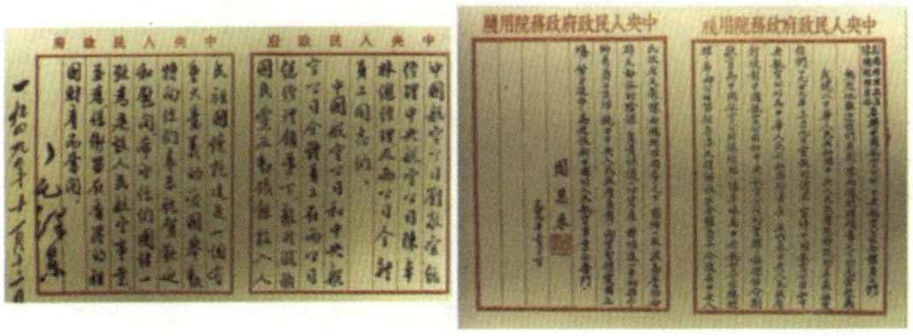

图1–31 毛泽东、周恩来高度赞扬两航起义

图1–32 参加“两航起义”的飞机

1.计划经济时期(1949—1978年)

1949—1978年，新中国实行计划经济体制，民航的发展也受到经济体制的影响，带着这一时期的特点。

1949年11月，中央军委民航局成立，统管全国民航事务。1954年，民航局划归国务院领导并更名为中国民航总局(简称民航局，CAAC)，中国仿照苏联建立起自己的民航体系。民航局作为政府的一个部门，对民航的机场、飞机、经营、航路各方面进行统一的垂直领导，在业务上民航局仍隶属空军领导，民航是一个半军事化行业，主要服务于各项政治和军事目的，航空运输和通用航空的发展受到很大的制约。

从1949—1965年间，随着国家经济建设的发展，我国民航事业也取得了一些进展：购进了新飞机，扩建和新建了一批机场，开辟了新的航行路线，建立起了以北京为辐射中心的单线式航空网。由于当时国内形势和计划经济体制的限制，这一时期国内航空业发展的重点是航空器制造业和空军，民航是空军的从属单位，它的首要任务是保障政府和军事要员的交通、国际交往的需要及一些紧急事件的处理，客货运输排在了第二位，只能作恢复性和保持性的发展。

到1965年我国航线里程和总周转量虽然比新中国成立初期有了很大增长，但还跟不上国民经济发展的水平，说明在这一阶段中我国民航还不足以成为国民经济中的一个重要组成部分。而1965年后的十年是“文化大革命”的动乱时期，民航业受到了严重的干扰和损害，处于停滞状态。

2.改革开放时期(1978年至今)

1978年召开了十一届三中全会，党和国家的工作重点转移到了经济建设上来，开始由计划经济向市场经济转变，也给民航带来了生机。经过1978年、1979年两年的酝酿，1980年把民航正式从军队领导转为政府领导，民航管理开始走上现代化道路。这一时期民航的发展经历了三个阶段：

第一阶段(1978—1987年)，这一阶段主要是改革军事化的集中指挥体系，开始进行经济核算。工作重点放在发展生产上，我国民航有了巨大的发展，国内航线大大增加，并建立了通向世界各大洲的国际航线网。经过十年的发展，中国民航在世界民航的排名从1978年的第37位上升到第17位。

第二阶段(1987—1997年)，从1987年起民航总局决定把航空公司、机场和行政管理当局按照其自身性质分离，分别进行经营和管理。航空公司作为企业，以营利为目的独立经营，同时允许地方办航空公司，形成竞争局面;机场逐步下放到地方，实行带有公众服务性质的半企业化管理;民航行政管理当局加强了对整个行业的管理。

这一期间的主要特征是航空公司与机场分开，原6个民航地区管理局的航空运输和通用航空业务、相关的资产和人员分离出来，组建了6家骨干航空公司：中国国际航空公司、中国东方航空公司、中国南方航空公司、中国西南航空公司、中国西北航空公司和中国北方航空公司。在1989年7月，还成立了以通用航空业务为主并兼营航空运输业务的中国通用航空公司。1990年又组建了中国航空油料总公司、中国航空器材公司、计算机信息中心、航空结算中心、飞机维修公司、航空食品公司等。随着我国经济建设的迅速发展，改革后的民航也以超常规的速度迅速发展，1997年国际排名上升到第10位，中国成为世界上的航空大国之一。

第三阶段(1997年至今)，经过20年的改革开放，我国民航运输作为交通运输的一环，为国民经济的高速发展做出了巨大贡献。随着国民经济的发展从速度型向效益型转化和进一步融入国际经济体系，民航要保证持续发展就需要进一步的体制转变和改革，从航空大国向航空强国迈进。

2002年3月，政府对民航业再次重组，主要内容有：

(1)航空公司与服务保障企业联合重组，于2002年10月11日正式重组为6大集团公司：中国国际航空集团公司、中国东方航空集团公司、中国南方航空集团公司、中国民航信息集团公司、中国航空油料集团公司、中国航空器材进出口集团公司。这些集团公司与民航总局脱钩，交由中央管理。

(2)民航政府监管机构改革，民航总局下属7个地区管理局和26个省级安全监督管理办公室，对民航事务实施管理。7个地区管理局分别是：华北地区管理局、东北地区管理局、华东地区管理局、中南地区管理局、西南地区管理局、西北地区管理局和乌鲁木齐管理局。

(3)按照政企分开、属地管理的原则，对90个机场进行了属地化管理改革。

我国在1996年3月颁布施行了《中华人民共和国航空法》，标志着我国民航正式迈向依法治理的阶段，在随后的几年里，依据这部航空法制定了一系列民航法规和条例，初步建立了我国民航的基本法律体系，在体制上把民航的机构和企业进一步改造以适合于市场经济的要求。

2001年我国加入世界贸易组织(WTO)后，我国经济就完全置身于全球化的浪潮之中了，民航作为世界贸易的重要组成部分，必须和世界经济接轨，参与国际竞争。1999年中美签订了新的航空运输协定，2002年政府允许民营资本经办航空企业，这都是我国顺应国际航空业的发展潮流，进一步改革开放，为民航业的可持续健康发展所作的努力。

在上述有力的政策和措施下，到2002年我国的民航运输周转量达到165亿吨千米，上升到世界第5位；2005年我国民航运输周转量达到257.765亿吨千米，在2004年世界排名第三的基础上再跃升一位，排名世界第二；2010年我国民航运输周转量首次突破500亿吨千米大关，2013年我国民航运输周转量达到673亿吨千米，与世界排名第一的美国差距逐步缩小，预计2020年我国民航运输周转量将突破1400亿吨千米。

我国的航空器制造业在这一阶段也有了可喜的发展，“大飞机计划”从2003年11月开始论证到2007年3月正式立项，并成立了中国商用飞机有限责任公司，简称“中国商飞”。中国商飞表示到2014年国产大飞机C919(见图1-33)将正式首飞，并计划2016年投放市场。在2010年的珠海航展上，C919局部样机首次公开亮相，当日便获得国内外上百架订单，未来的民用航空器制造业领域，将是由A(空中客车)、B(美国波音)、C(中国商飞)构成的三足鼎立局面。

图1-33 2010年珠海航展上C919首次亮相

图1-34 航展上C919模型

这些成绩虽然喜人，但我国是一个拥有13亿人口的大国，无论是从人均周转量、人均航空旅行次数，还是从飞机保有量来看，我国离世界航空强国的标准还有相当的距离。我国不仅是世界上的工业、贸易大国，而且也是世界上尚未完全开发的、潜在的最大航空市场。我国民航事业在正确的方针指引下，一定会在21世纪腾飞，在20年内实现把我国由一个航空大国转变为航空强国的宏伟目标。

思考与练习

1.航空业由哪几个部分组成?

2.什么是民用航空?民用航空可分为哪几个部分?

3.民航系统由哪几个部分组成?

4.你所知道的民用航空器制造业有哪些?

第二章

民用航空器

学习目标

1.掌握航空器的分类和各种航空器的特点及使用情况。

2.了解大气层的结构，掌握对流层的大气物理性质，了解国际标准大气的意义及参数确定原则。

3.了解流体流动的基本规律，掌握飞机升力产生的原理，了解影响升力的因素。

4.掌握飞机的结构组成。

5.掌握飞机发动机的种类和工作原理。

6.了解飞机的仪表系统。

7.了解民用飞机飞行过程，了解各种飞行性能的含义，掌握各性能数据大小的含义。

第一节
民用航空器的分类和应用

航空器种类繁多，重量从几克到几百吨，飞行高度从几米到几万米，外形也是千奇百怪，不同的航空器用途也不尽相同。为了对航空器有较全面的了解，我们根据不同的目的，采取不同的分类方式，对航空器进行分类。

一、航空器的分类

任何由人制造、能飞离地面并由人来控制的飞行物体均称为飞行器，在大气层中飞行的飞行器称为航空器，飞出大气层的飞行器则称为航天器。如飞机、飞艇等为航空器，人造卫星、宇宙飞船、空间站等为航天器。

国际民航组织对航空器的定义是：任何可以从空气的反作用力取得支撑力的机器。这里的空气反作用力不包括空气对地面的反作用力，这个定义对航空器做了进一步的界定，把磁悬浮列车、气垫船、地效飞行器等依靠磁力、空气和地面的反作用力离开地面的机械排除在航空器的范畴之外。

根据航空器获得克服重力的支撑力方式的不同，可将其分为两大类：一类是轻于空气的飞行器，它不需要和空气有相对运动，依靠浮力克服重力，也叫静力飞行器；另一类是重于空气的航空器，它需要和空气有相对运动，靠运动空气产生的空气动力来克服重力，也叫动力飞行器。

常见的航空器种类如下：

- 航空器
  - 轻于空气的航空器
    - 非动力驱动：气球
    - 动力驱动：飞艇
  - 重于空气的航空器
    - 非动力驱动
      - 风筝
      - 滑翔机
    - 动力驱动
      - 飞机
      - 旋翼航空器：直升机、旋翼机
      - 扑翼机

1.气球

图2-1　系留式气球

气球有一个巨大的气囊，大多数为球形，依靠它在空气中产生的浮力来克服重力升空。靠加热气囊中空气使之密度变小而升空的叫热气球，气囊中填充比空气密度小的氢气、氦气或天然气的统称氢气球。人类最早依靠热气球飞上天空，但现在气球仅仅在气象观测、庆典活动、体育活动等领域中使用，使用的气球也大多为氢气球。气球升空后不加控制，只能随风飘移的，叫自由气球，主要用于气象观测、庆典活动等；升空后有绳索系留在地面的叫系留式气球(见图2-1)，主要用于广告、庆典活动等。

2.飞艇

飞艇和气球一样，也是依靠空气的浮力实现升空的，但它安装有以螺旋桨为推进装置的发动机，可以按照操纵者的意愿飞往目的地。根据飞艇气囊结构不同，可将飞艇分为刚性飞艇、半刚性飞艇和非刚性飞艇。

飞艇是人类最早用于航空运输的交通工具，其中最有名的是前文提到的齐柏林公司的“兴登堡”号飞艇(见图2-2)，可携带着近100名乘员进行跨洋飞行。直到“兴登堡”号失事以后，航空运输领域才完全被飞机取代。现在飞艇主要用于广告、庆典活动等领域(见图2-3)。

图2-2　“兴登堡”号飞艇

图2-3　飞艇广告

3.风筝

风筝是最早出现的重于空气的航空器，迄今已有4000年历史。风筝的出现证明了重于空气的物体飞上天空的可能性，在航空发展初期，风筝也是经常用来验证空气动力的手段。现代风筝造型美观，但仅用于娱乐、庆典等活动。

4.滑翔机

滑翔机(见图2–4)是不安装动力装置、带有固定机翼、重于空气的航空器，它的升空主要靠其他机械(如飞机、绞盘车等)的牵引或是从高处下滑来实现，靠滑翔时与空气的相对运动获得升力，维持空中的飞行，滑翔机的本质就是不带动力装置的飞机。滑翔机是飞机出现以前唯一可以载人飞行的重于空气的航空器，人们通过它摸索出了动力飞行的基本原理及飞机的基本操纵方法，为飞机的发明做出了不可磨灭的贡献。目前，滑翔机主要应用于体育运动、航空知识普及等用途，20世纪70年代后出现了造价低廉的柔性机翼和伞翼滑翔机(见图2–5)，使滑翔运动更加普及。

图2–4 滑翔机

图2–5 伞翼滑翔机

5.飞机

全国科学技术名词审定委员会给飞机的定义是：由固定翼产生升力，由推进装置产生推(拉)力，在大气层中飞行的重于空气的航空器。从定义上看，直升机没有固定的机翼，因此不属于飞机范畴。

飞机是当前最主要的航空器，虽然它的发明晚于静力航空器一百多年，但只有它才真正把人类推进了航空时代，并使人类的航空事业大步迈进。目前，民用航空器中，飞机的数量占到了98%以上。

飞机按用途不同可分为民用飞机和军用飞机；按起降场地不同可分为陆上飞机、水上飞机(见图2–6)和水陆两用飞机。

6.旋翼飞行器

和固定翼飞机不同，旋翼飞行器没有固定的机翼，它产生升力的部分是可以旋转的叶片，类似于螺旋桨。目前的旋翼飞行器主要有旋翼机和直升机两种。

旋翼机(见图2–7)是一种利用前飞时的相对气流吹动旋翼自转以产生升力的旋翼航空器。它前进的动力由发动机带动螺旋桨直接提供，旋翼机必须滑跑加速才能起飞。旋翼机出现在1923年，由于其只能短距离起落，灵活性不如直升机，其他性能又比飞机差了很多，目前只用于体育活动。

图2-6　水上飞机

图2-7　旋翼机

直升机类似于旋翼机，克服重力的力量也来自于旋翼，它们的区别是它的旋翼直接由发动机带动，而不是靠相对气流吹动。第一架直升机诞生于1907年(见图2-8)，但具有实用价值的直升机发明于1936年，1942年美国进行了批量生产。

直升机以其可以垂直起降、对机场条件依赖小、可以悬停并能前后左右移动的灵活飞行特性，使之在航空器领域里有着不可替代的位置。但和飞机相比，直升机航程短、使用和维护费用高、振动大、有效载荷小，又限制了它的广泛应用，只能作为飞机的补充，不能作为民航的主力机种。目前，直升机数量在民用航空器中占不足2%的份额，主要用于医疗救护、地质勘测、森林防火、海上采油、吊装设备等领域(见图2-9)。

图2-8　人类第一架直升机

图2-9　世界最大的直升机“米-26”

7.扑翼机

扑翼机(见图2-10)是人类模仿鸟类飞行而制造的、机翼可以上下扇动的航空器。人类最早模仿鸟类飞行大多是靠人力或制造扑翼机进行试验，由于控制、材料、结构方面遇到诸多困难，目前，扑翼机只处在试验阶段，还没有具有实用价值的扑翼机。

图2-10　扑翼机

综上所述，航空器虽然种类繁多，但真正在民航中广泛应用的只是飞机，在个别领域中用到少量的直升机。因此，本书讨论的航空器主要针对民用飞机。

二、民用飞机的分类

按用途不同，民用飞机可分为用于商业飞行的航线飞机和用于通用航空的通用航空飞机。在航线飞机和通用航空飞机下面，还有更细的分类。

(一)航线飞机

航线飞机又称运输机，可分为运输旅客的客机、运送货物的货机和客货兼载的客货两用机。

目前，全球在飞的航线飞机总数为2万架左右，仅为民用飞机总数的5%左右，但由它们的飞行航线构成了全球范围内的航空运输网，机群的自身价值和产值都占了民航业务的95%以上。航线飞机尤其是客机是民航运输的主体，以下对航线飞机的讨论以现代客机为主。

客机根据不同的分类标准，可以分出不同的类别：

按航程分，可以分为远程客机、中程客机和近程客机。其中远程客机的航程在8000千米以上，可以完成不间断的洲际或跨洋飞行，执行远距离的国际航线飞行任务；中程客机航程为3000~8000千米，可执行国内航线和中短距离的国际航线飞行任务；近程客机的航程一般在3000千米以下，一般用于执行国内航线和飞往邻近国家的短程国际航线飞行任务。我国又把远程、中程客机称为干线客机，用于执行国内干线和国际航线飞行任务，把近程客机称为支线客机，用于执行支线飞行任务。

小贴士▼

航程是指飞机在无风大气中，沿预定的航线飞行，使用完规定的燃油所经过的水平距离。

按发动机类型不同，可以将客机分为活塞式飞机和喷气式飞机。活塞式飞机采用四冲程汽油活塞式发动机，喷气式飞机采用以航空煤油为燃料的喷气式发动机，目前我国民航从事客货运输飞行的飞机都是喷气式飞机。

按最大飞行速度不同，现代客机可分为亚音速客机、高亚音速客机和超音速客机。亚音速客机的最大飞行M数在0.7以下，高亚音速的最大飞行M数在0.7~0.9之间，超音速客机的最大飞行M数在1.3以上。目前，许多支线客机采用亚音速飞机，干线飞机大多为高亚音速飞机，投入运营的超音速飞机只有英法联合研制的“协和”飞机，现在也已经全部退役。

小贴士▼

M数是指飞行速度与飞机所在高度上音速的比值，飞行M数在0.9~1.3之间的飞行称作跨音速飞行，由于这个阶段飞机的稳定性、操纵性有许多异常，不利于飞行安全，故没有专门在此范围内飞行的跨音速飞机。

按座位数不同，可以将客机分为小型飞机、中型飞机和大型飞机。小型飞机座位数在100座以下，一般用于支线飞行；中型飞机座位数在100~200座，大型飞机座位数在200座以上，中、大型飞机一般用于干线飞行。

按机身直径不同，可将现代客机分为宽体客机和窄体客机。宽体客机机身直径超过3.75米，客舱内设有两条通道，又称双通道客机，大型客机一般都是宽体客机(见图2-11)。窄体客机机身直径在3.75米以下，客舱内只能设一条通道，又叫单通道客机(见图2-12)，中、小型客机一般都是窄体客机。

图2-11 宽体客机客舱

图2-12 窄体客机客舱

(二)通用航空飞机

通用航空的性质决定了通用航空飞机体积小、造价低(和航线飞机相比)、参与通用航空的飞机数量多。民用航空的航空器数量中，通用航空飞机达到了95%左右，但其自身价值和产值仅占5%，和航线飞机正好相反。通用航空飞机根据用途不同，可分为公务机、农业机、教练机和多用途轻型机四大类。

公务机是在商务活动和行政事务活动中用作交通工具的专用飞机，也称做行政机或商务机(见图2-13、图2-14)。公务机一般是小型飞机，它的起飞重量不超过10吨，载客不超过15人。近年来，由于大型跨国集团公司、国际交往等发展较快，当前一些豪华、远距公务机的最大起飞重量可达30吨、航程能达5000千米以上。它的性能已经逐渐接近航线飞机，甚至个别有实力的集团购买了航线飞机作为公务机。目前国内使用公务机大多是从专门经营公务机包机业务的公司租赁，也有个别企业购进了自己的公务机。现在国内企业购买了公务机的有长沙远大、青岛海尔和春兰空调等，其中长沙远大1997年就购进了公务机，是我国第一家购买公务机的企业。

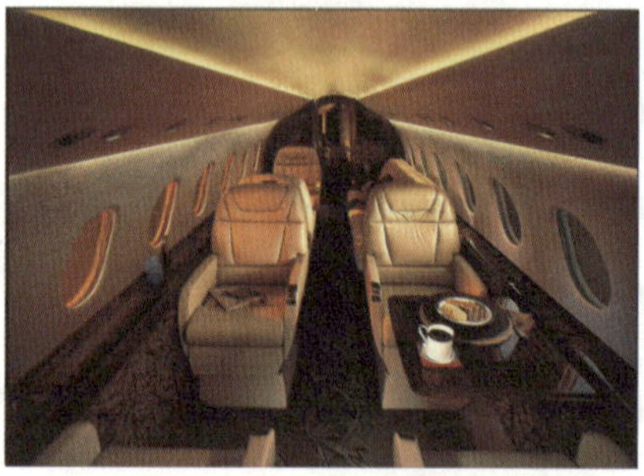

图2-13　豪客4000公务机机舱

图2-14　远大的奖状560公务机

农业机(见图2-15)是专门为农、林、牧、渔业服务的飞机，这类飞机有的是专门为农、林、牧、渔业设计的，还有一些是由多用途飞机改装而成的。这类飞机一般都是只安装一台发动机的小型飞机，飞机时速在400千米以下，飞机的设备比较简单，但低空、超低空性能好，结构强度高。

教练机(见图2-16)是用于培养飞行员的飞机，可分为初级教练机和高级教练机。初级教练机用于训练新飞行学员掌握飞机驾驶术，通常只有一台发动机，结构简单，易于操纵;高级教练机用于培训经初级教练机培训合格后的飞行学员，一般具有两台发动机，机上的仪表设备和飞行性能与公务机相近。教练机至少有两个座位，两套操纵系统完全联动，在飞行中相当于教员“手把手”在教学。

多用途轻型机(见图2-17、图2-18)用于包括空中游览、救护、短途运输、航拍、家用等用途的飞机，也可用作教学和农业、公务等用途。这类飞机起飞重量一般不超过5吨，最小的包括只有几百公斤的超轻型飞机。

图2-15 国产农5B农业机

图2-16 “钻石”双发教练机

图2-17 动力三角翼多用途机

图2-18 运输5型多用途机

三、民用航空器的使用概况和要求

目前，全球民用航空器98%以上是飞机，直升机的数量不足2%，其他类型的航空器数量更少。各种最新、最先进的民用航空技术首先使用在航线飞机上，所以，航线飞机的水平代表了民用航空器的最高技术水平。

对民用航空器的使用要求是安全、快速、舒适、经济和符合环保要求。

(一)安全性

安全是对航空运输的首要要求，保障安全是整个民航系统的重要任务。民航飞机的安全程度在不断提高，其中提高最大的是飞机的通信导航、电子设备和动力系统的革命性改进，使飞机机体和发动机的可靠性大大提高、对天气的依赖状况有了极大的改善；飞机操纵和数据处理自动化程度越来越高，能有效减少人为因素造成的安全隐患。目前飞机的安全指标——亿千米死亡人数已降至0.05左右，相当于一人每天飞行10000千米，经过500多年，才会因飞行事故死亡。而目前国内的道路交通事故死亡人数，每天大约170人，相当于每天损失一架中型客机。所以，飞机的安全性远远优于其他交通工具。但由于人们对飞行的了解程度不高、飞行事故一般都是严重事故，造成人们对飞行安全性的质疑。

2010年8月24日，海航旗下的河南航空有限公司的注册编号为B3130的ERJ-190支线客机，在执行哈尔滨—伊春的VD8387航班，在伊春着陆接地后断成两截坠毁。事故中造成43人死亡，有53人生还。而上一次空难发生在2004年11月21日，东方航空云南分公司的CRJ-200飞机在执行包头至上海虹桥的MU5210航班时，起飞后坠毁，造成机上53人全部罹难和地面2人遇难的惨剧。包头空难后2102天发生伊春空难，从另一个角度也反映了航空运输事故率非常低。

(二)快速性

自从民航进入喷气式时代以来，干线飞机的速度稳定在800~1000千米/小时的范围内，是其他交通工具无法比拟的。

“协和”超音速客机曾将民用航空器的速度提高到了2倍音速，达到了时速2150千米，但后来在2003年该型飞机全面停运，目前民用航空领域内已无超音速飞机。超音速飞行经济性过差，环境污染和材料疲劳问题不易解决，也是造成超音速客机难以推广的原因。将来如果能提高超音速飞行的经济性、减少环境污染、强化材料抗疲劳性之后，超音速客机有望再次翱翔蓝天。

(三)舒适性

现代航线飞机客舱宽敞、多设有餐饮娱乐设备，舒适程度高于其他交通运输工具。在激烈的竞争中，舒适性已是航空公司选择飞机、乘客选择航空公司的重要因素。

(四)经济性

经济性是民航运营对飞机的主要要求之一，经济性不单体现在购机成本和油耗上，而且要考虑飞机在使用寿命期间的全部成本。现代飞机采用耗油率低、推力大的发动机，大量使用强度大、重量轻的复合材料，改善飞机气动外形等方式，已经使飞机的飞行性能及经济性有了很大提高。最新的空中客车A-380飞机，折算到每名旅客的百千米耗油量不足3升，达到了微型汽车的水平。

(五)环保要求

飞机产生的污染主要体现在噪声和排气污染上。目前不少国家都制定了噪声适航标准，达不到标准的飞机禁止进入该国领空飞行。随着飞机制造技术的进步，现在多数航线飞机都能达到噪声标准。目前，世界上尚未制定强制性排气标准，但发动机和飞机制造厂商都在通过各种途径减少排气污染，减轻对大气层的破坏。

第二节 飞机飞行原理

飞机的重量从几十公斤到几百吨不等，如世界最大的飞机安-225的最大起飞重量高达700吨。如此庞然大物能在空中自由翱翔而不掉下来，就是因为飞机在飞行中产生了足够的升力“托举”着飞机的缘故。

飞机的升力主要靠机翼产生，要产生升力，机翼和空气就必须有相对运动，空气相对于飞机的流动叫做相对气流，简称“气流”。升力的大小和气流状况、物理参数、机翼形状等有很大关系。下面，我们就从气流的特性入手，来探讨飞机为什么能飞、怎么控制飞机飞行等问题。

一、大气层

我们生活的地球周围覆盖着一层厚厚的气态物质，好像给地球穿上了一件量身定做的外衣，这外衣就是大气层，是飞行器活动的地方，我们则生活在大气海洋的最深处。航空器在大气中飞行，与大气有了相对运动，就会在航空器上产生空气动力，空气动力直接影响航空器的飞行状态和飞行性能，空气动力又与大气的物理性质有直接关系。因此，在学习飞机为什么会飞之前，我们必须先了解一下大气层。

(一)大气层的结构

大气层共分五层，从地面往上分别是对流层、平流层(同温层)、中间层、电离层(热层、暖层)和散逸层(见图2-19)，我们熟悉的臭氧层其实并不是一层大气，而是平流层中臭氧含量相对较高的部分，属于平流层。目前，民用飞机的飞行范围仅限于对流层和平流层底部，军用飞机也仅能达到平流层中部，因此我们在本部分学习中，只介绍对流层和平流层。

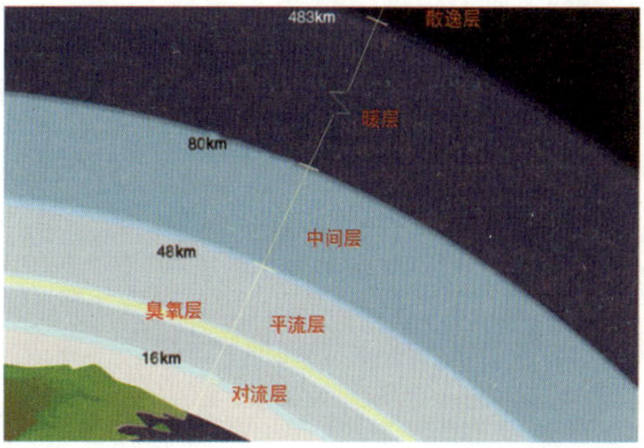

图2-19 大气层

对流层是大气中最低的一层，或者说是大气海洋的底部。在赤道地区，对流层的厚度可达17千米到18千米，两极地区仅有8千米，在中纬度地区，它的顶层距地面约为11千米。由于地球引力的作用，大气全部质量的3/4和几乎全部水蒸气都集中在这一层，因此对流层是天气变化最复杂的一层，有风、云、雨、雪、雹等天气现象。在对流层中，空气有水平流动也有垂直流动，因此也就形成水平和垂直方向的阵风。

平流层(同温层)位于对流层之上，顶部距地面约50千米。在平流层的下半部(20千米以下)，温度不随高度变化，恒定在−56℃左右，然后随高度的增加开始上升，直到顶部大约上升到0℃。平流层空气稀薄，水蒸气极少，通常没有云、雨、雪、雹等天气现象，空气也没有上下对流引起的垂直风，只有水平方向的风，并且风向稳定，平流层里常年是偏西风。这一层大气能见度好、气流平稳、空气阻力小，对飞行很有利，因此现代喷气式客机大多在11~12千米的平流层底层飞行。

(二)大气的物理性质

大气的物理性质包括大气温度、大气密度、大气压力和音速。

大气温度是指大气层内空气的温度，它表示空气分子做热运动的剧烈程度，温度越高，空气分子做无规则热运动速度越大;温度越低，空气分子做无规则热运动的速度就越小。在对流层内，随高度的升高，大气温度呈线性下降，每升高1000米，温度约下降6.5℃，到同温层底部，大气温度维持在−56℃左右，不随高度变化。

大气密度是指单位体积大气的质量，随高度升高，大气密度下降。由于大气密度直接影响到飞机的升力、阻力，因此在设计制造和使用航空器的过程中，必须考虑到大气密度随高度变化而改变的特性。

大气压力简称“大气压”，是指空气在单位面积上产生的压力。大气压的来源包括两个方面 ：一方面是单位面积上方直到大气层顶部的空气柱的重量;另一方面是空气分子在做无规则热运动产生的撞击力量。显然，随高度的升高，单位面积上方的空气柱越短、越轻，同时温度也在降低，空气分子做热运动的动能减小，大气压也就越小。

音速是指声音在空气中的传播速度。音波是典型的弱扰动波，音速也泛指所有弱扰动波在空气中的传播速度。飞机在高速飞行时，升力、阻力等随音速的变化有较大幅度的变化。音速随气温降低而减小，因此随高度升高，大气温度降低，音速也就降低。

小贴士▼

音速与大气温度的关系可用一个简单公式计算：

$$a=20\sqrt{T}$$

其中“T”是绝对温度，如果换成摄氏度，则

$$T=273+t$$

(三)标准大气

我们已经知道，随着高度的变化，大气的物理参数会发生变化，这些物理参数的变化，又会引起飞行在大气层中的航空器所受的力和力矩发生变化，航空器的飞行性能就会因此而改变。为了在飞行器设计制造、性能比较时有一个统一的标准，就必须以一个确定的大气环境作为衡量标准，目前，世界上大多数国家采用的是国际标准大气。该标准是参照北半球中纬度地区的大气参数平均值为基础加以修订，作为大气的标准状态参数，满足这种状态的大气，叫做标准大气。

国际标准大气包括如下规定：大气被看作是理想气体(即没有黏性，完全符合气体状态方程)；以海平面的高度为零；在海平面上，大气的温度为15℃，大气压为101325帕(760毫米汞柱)，密度为1.225千克/米^3，音速为340.29米/秒。各种高度上的大气状态参数，可以通过计算获得(见表2–1)。

表2–1标准大气表

高度(米)	气压(毫米汞柱)	气温(℃)	空气相对密度 Δh	空气密度($\frac{千克}{米^3}$)	音速n(米/秒)
-1000	854.6	+21.50	1.0996	0.1374	345
0	760.0	+15.00	1.0000	0.1250	341
1000	674.1	+8.50	0.9073	0.1134	337
2000	596.1	+2.00	0.8215	0.1027	333
3000	525.7	–4.50	0.7420	0.0928	329
4000	462.2	–11.00	0.6685	0.0835	325
5000	405.0	–17.50	0.6007	0.0751	321
6000	353.8	–24.00	0.5383	0.0672	317
7000	307.8	–30.50	0.4810	0.0601	313
8000	266.9	–37.00	0.4284	0.0535	309
9000	230.5	–43.50	0.3804	0.0475	304
1000	198.3	–50.00	0.3366	0.0421	300
11000	169.6	–56.50	0.2968	0.0371	296
12000	144.8	–56.50	0.2535	0.0318	296
13000	123.7	–56.50	0.2165	0.0271	296
14000	105.6	–56.50	0.1849	0.0231	296
15000	90.4	–56.50	0.1579	0.0198	293
16000	77.1	–56.50	0.1349	0.0169	296
17000	65.8	–56.50	0.1153	0.0144	296
18000	56.2	–56.50	0.0984	0.0123	296
19000	48.0	–56.50	0.0841	0.0105	296

20000	41.0	-56.50	0.0720	0.0090	296
21000	35.02	-56.50	0.0523	0.00654	296
22000	29.90	-56.50	0.0523	0.00654	296
23000	25.54	-56.0	0.0447	0.00559	296
24000	21.81	-56.50	0.0382	0.00478	296
25000	18.63	-56.50	0.0326	0.00408	296
26000	15.94	-53.50	0.0275	0.00344	297
27000	13.69	-50.60	0.0233	0.00291	299
28000	11.79	-47.60	0.0198	0.00248	301
29000	10.16	-44.60	0.0168	0.00210	303
30000	8.77	-41.60	0.0144	0.00180	305

二、气体流动的基本规律

气体在流动过程中，随着流动空间的变化，气流的状态参数(速度、压力、密度、温度等)也会发生相应的变化。

先看看流动空间变化对速度的影响。当气体连续稳定地流过一个粗细不均的流管时(见图2-20)，由于管中任何一部分气体都不能堆积起来，也不会中断，因此在同一时间内，流进流管和流出流管的空气质量应该是相等的，还可以延伸为同一时间内，流过流管任一截面的空气质量相等，这就是连续性原理。

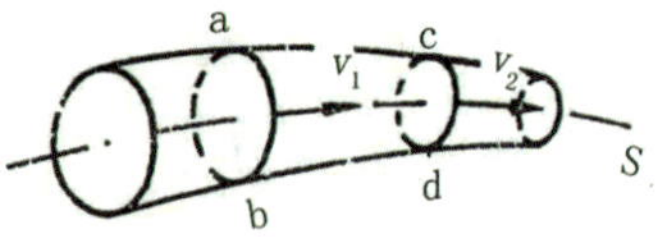

图2-20　流管

单位时间内流过某截面的空气质量为：$m=\rho VA$

根据连续性原理，可知同一时间内流过截面Ⅰ和流过截面Ⅱ的空气质量相等，即

$\rho_1 v_1 A_1=\rho_2 v_2 A_2$

在低速流动(速度小于0.4倍音速)时，可以认为空气不会被压缩，即流动过程中密度不变，则

$$vA=\text{常数}$$

这就是低速气流的连续方程，去掉了空气密度，将流过流管截面的空气质量变换成了空气体积。从连续方程可知，稳定的低速气流在单位时间内流过流管任意截面的体积相等。换一句话说，流管截面积小的地方，气流流速大;流管截面积大的地方，气流流速小。水流也一样，我们可以看到稳定流动的河流中，河道狭窄(截面积小)的地方水流湍急(流速大)，河道开阔的地方水流平稳。夏天人们在过道中乘凉，感觉风很大，也是这个原因。

随着流管截面积变化，不仅气流的速度会发生变化，气流的压力也会相应发生变化。气体流动速度与压力之间的关系，可通过如图2-21所示的实验结果来说明。当试验管道中的气体静止时，管道中各截面的气体压力都相同，都等于当地大气压，测压玻璃管中的液面高度都一样(见图2-21(a))。当气流稳定、连续地流过试验管道时，通过连续方程可知，截面积大的地方流速小，截面积小的地方流速大。同时，在测压管中的液面也发生了变化，液面普遍升高了，但截面积小的地方液面升高较多，截面积大的地方液面升高较少(见图2-21(b))。这一实验表明：截面积大的地方气体流速小、压力大；截面积小的地方气体流速大、压力小。

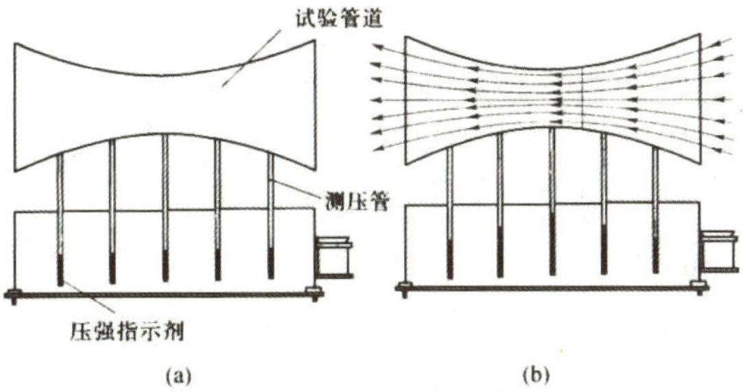

图2-21　流速与压力的关系

“流体力学之父”丹尼尔·伯努利研究了上述实验，并于1738年总结出著名的伯努利定理(也称伯努利方程)：

$$P+\frac{1}{2}\rho v^2=P_0$$

其中P称作静压，也就是某点的大气压，$\frac{1}{2}\rho v^2$称作动压，P_0称作全压。伯努利定理说明，流体(包括液体和气体)在稳定、连续流动中，流场各处的全压不变，如果某点的流体速度大(动压大)，该点的静压就小，反之一样。

将连续性原理和伯努利定理结合起来，可以得出这样的结论：流体稳定的流过管道，在管道截面积小的地方，流体的流速大、静压(压力)小；在管道截面积大的地方，流体流速小、静压(压力)大。

三、飞机升力的产生

飞机的升力主要靠机翼与空气有相对运动产生。和空气有了相对运动，机翼为什么能够产生升力呢？这还和机翼的形状有很大关系。

机翼的剖面形状叫做翼型。翼型的前端点叫前缘，后端点叫后缘，翼型前后缘之间的连线叫做翼弦。

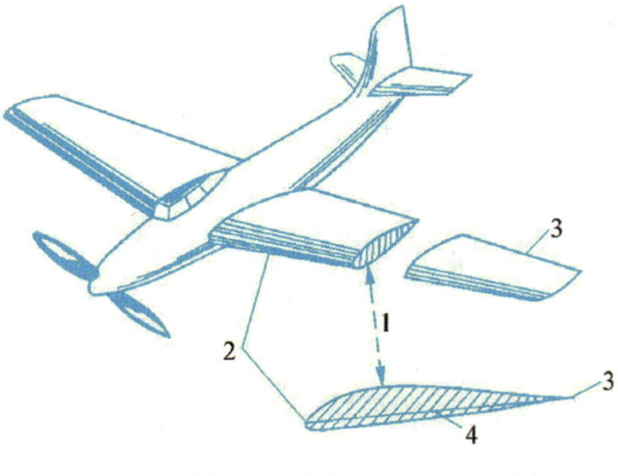

1—翼剖面;2—前缘;3—后缘;4—翼弦
图2-22　翼型

通常翼型的上表面弯曲程度较大，下表面弯曲程度较小甚至平直(见图2-22)。

在飞行中，飞机有一定速度，空气就会流过飞机，与飞机之间就会有相对运动，与机翼之间也就有同样的相对运动，我们把流过机翼的气流叫做“相对气流”。相对气流与飞行速度大小相等、方向相反。

相对气流(飞行速度)与翼弦之间的夹角叫做迎角，用α表示(见图2-23)。相对气流指向翼弦下方，迎角为正;相对气流指向翼弦上方，迎角为负。

气流流过机翼的流动情况，可用流谱图直观地显示出来(见图2-24)。流谱图是由许多流线和涡流组成的、反映流动全貌的图形，类似于中学物理里面讲到的磁场图、电场图。在稳定气流中，空气分子流动的路线，就是流线。既然空气分子是沿着流线流动的，所以在流线一侧的空气分子不会穿过流线流到另一侧去，也就是说，流线不会相交。任意两条流线之间的空气都不会穿过这两条流线流到外面去，就可以把任意两条流线围成的空间看作一条流管，流管就像水管一样，把两条流线之间的空气限制在这条管子内流动。

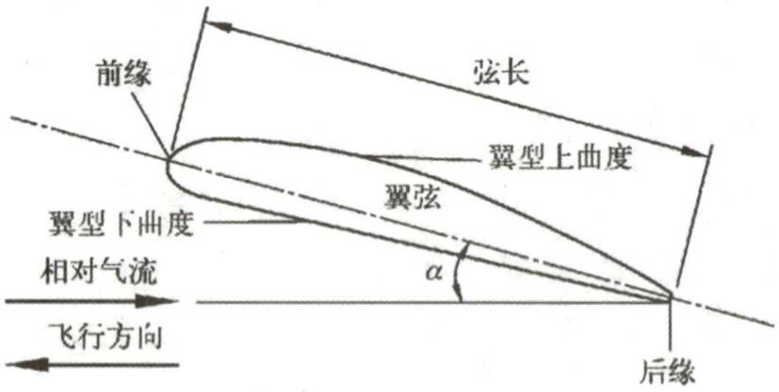

图2-23 迎角

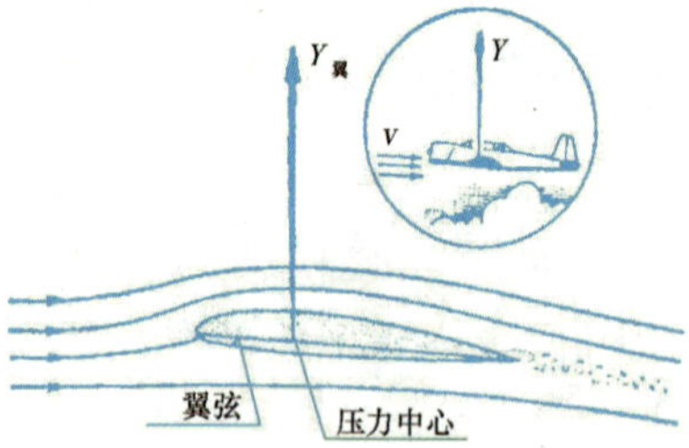

图2-24 流谱图

从图2-24可以看出，空气流过有一定正迎角的机翼，由于机翼上表面比较突出，在机翼上表面流动空间受到机翼的挤压变小，流管变细;由于机翼下表面弯曲程度较小，流动空间比上表面大，流管较粗。根据气流的基本规律，在机翼上表面，由于流管细，流管内空气流速快，静压小;机翼下表面由于流管粗，流管内空气流速慢，静压大。于是机翼上下表面之间产生了向上的压力差，这个向上的压力差就是机翼的升力(Y)，全机上下表面的压力差就是飞机的升力。升力的方向垂直于飞行速度(相对气流)，升力的大小可用升力公式表示如下：

$$Y=\frac{1}{2}\rho v^2 c_Y S$$

其中，v是飞行速度(相对气流速度)，S是机翼面积。c_Y是升力系数，它是实验测得的无因次值，迎角不同、翼型形状不同，升力系数不同。

如果你看过飞行表演，你一定会被飞机的优异性能以及飞行员的娴熟技术所震撼吧。事实上，无论飞机做什么样的复杂动作，都是靠飞行员操纵飞机改变升力的大小和方向来完成的。从升力公式可看出，升力的大小与空气密度、飞行速度、迎角、翼型和机翼面积有关，但是在正常飞行中，翼型和机翼面积是不能改变的，只要飞行高度一定，空气密度我们也没法改变，飞行员只有通过改变迎角和飞行速度来改变升力。升力与飞行速度的平方成正比增大;在中小迎角下，随迎角增大，升力系数增大，升力增大(见图2-25)。

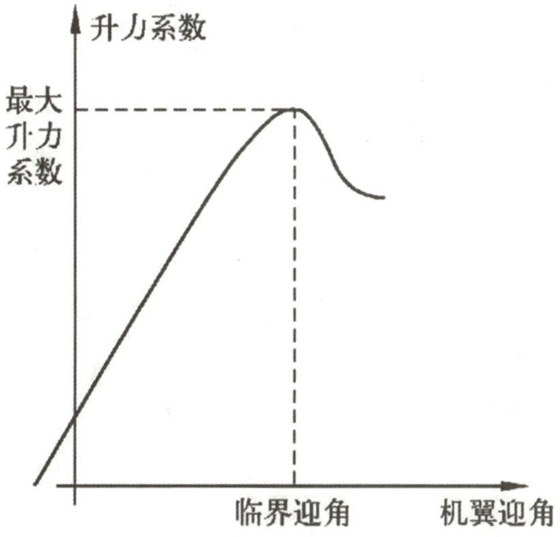

图2-25 升力系数随迎角变化

相关链接

迎角，英文名字Angle of Attack，有些资料根据英文直译为冲角、攻角，英文简称AOA。它是航空领域最重要的角度之一，对飞机的受力及各方面性能都有直接影响。民用飞机在飞行中，迎角一般为一个不大的正迎角，只有军用飞机在某些特殊情况下，才会出现负迎角。

飞机的升力系数受迎角和翼型形状的影响，正常的飞行中翼型形状不会改变，升力系数就只受迎角的影响。中小迎角下，随迎角增大，升力系数增大;大迎角下升力系数的增幅减缓，到某一迎角升力系数达到最大;超过这一迎角，升力系数随迎角的增大反而减小。升力系数达到最大时候的迎角叫做临界迎角，超过临界迎角，飞机将出现非操纵性的异常现象，不能维持正常飞行，这样的异常状态在航空界称为“失速”。

四、飞行中飞机受力

从前面的讲述我们可以看出，飞机之所以能够飞行，是因为飞机在飞行中产生了克服重力的升力。而从升力产生的原因来看，并没有提到发动机，而大家都知道，发动机是飞机的心脏，任何一架飞机都离不开发动机，既然产生升力与发动机无关，那发动机在飞行中到底起什么作用呢?我们就得从飞行中飞机的受力谈起。

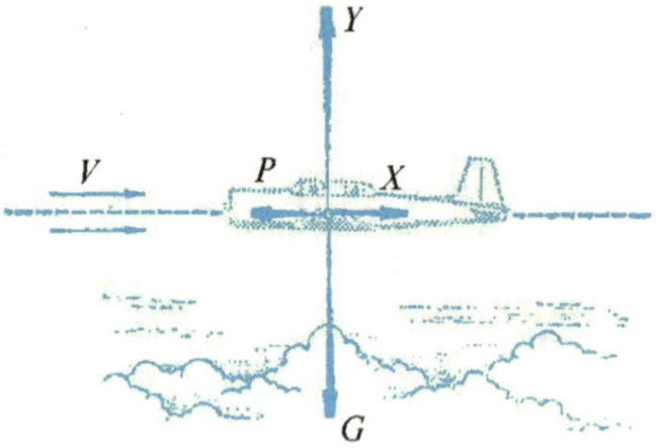

图2-26　平飞中的受力

以平飞为例，飞行中，飞机有一定速度，才能产生足够的升力来克服重力，但飞机以一定的速度在空气中穿梭，空气也会产生阻碍飞机前进的阻力，这就需要发动机产生向前的推力(拉力)来平衡阻力，保持速度。平飞中飞机的受力如图2-26所示。

根据阻力的产生原因不同，低速、亚音速飞行时阻力可分为摩擦阻力、压差阻力和诱导阻力三种。在跨音速、超音速飞行时，还会产生激波阻力。

飞行速度与飞机所在高度音速的比值叫马赫数或飞行M数，简称M数。根据飞行M数可将飞机的速度分为低速、亚音速、跨音速和超音速。

低速是指M数小于0.4(也有说0.3)，低速时可以认为空气不可压缩，即空气流速减小、压力增大时，不会将空气压缩，使之体积减小密度增大;空气流速加快、压力减小时，空气也不会膨胀，使之体积增大密度减小。也就是空气的密度不随速度变化而变化。这仅仅是一种假设，实际上速度变化引起压力变化，会导致空气密度发生改变，但在小M数下，密度变化量很小，可以忽略不计，才有了这样的假设。

亚音速是指M数大于0.4(0.3)、小于0.8(0.7或0.9)的速度范围。此时空气压缩性对飞机性能已经有明显影响，在考虑飞机性能时不能忽略，但飞机表面速度最快处也未达到音速，飞机表面全是亚音速气流。

飞行速度还未达到音速，但飞机表面流速最快处的气流速度就可能达到音速;飞行速度超过音速不多时，飞机表面流速最慢处的速度还未达到音速。这两种情况下飞机表面既有超音速气流又有亚音速气流，这个范围的速度称为跨音速，对应的M数为0.8(0.7或0.9)~1.3(1.2或1.4)。飞机表面流速最快处的气流速度刚达到音速时，对应的M数叫临界M数，标志着飞机表面的气流特点将发生本质变化，也将产生激波阻力。

当M数较大时，飞机表面流速最小的气流速度也达到了音速，飞机表面全是超音速气流时，飞机才进入超音速范围，通常对应的M数大于1.3(1.2或1.4)。

摩擦阻力产生的原因是由于飞机表面不绝对光滑，气流经过飞机表面时会发生摩擦。为了减小飞机的摩擦阻力，除了尽可能提高制造工艺外，在使用飞机的过程中，保持飞机表面不要产生变形也是很重要的。

压差阻力是飞机前后压力差形成的阻力，以机翼产生压差阻力为例来说明，(见图2-24)。空气流经机翼时，在前缘附近气流受到机翼的阻挡，速度减小，根据伯努利方程可知，这片区域压力增大，压力最大的一点速度减小到零，称为驻点;在后缘部分是涡流区，压力较小。机翼前后就存在一个压力差，该压力差与飞行速度相反，阻碍飞机前进，就是压差阻力。另外，在机翼和机身的接合部、机翼和发动机吊舱的接合部等，由于这些部件的相互干扰，会使接合部前方气流更加受阻，压力增大更多，后方涡流区增大，压力减小更多，致使压差阻力增大，导致全机的阻力比所有部件单独产生的阻力之和还大。额外增大的这部分阻力就是由于飞机各部件接合处相互干扰而产生的，我们称为干扰阻力，干扰阻力是压差阻力的一部分。

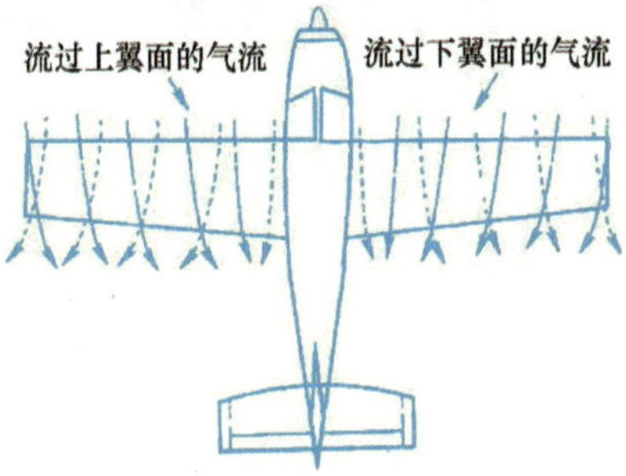

图2-27　机翼上、下表面的气流

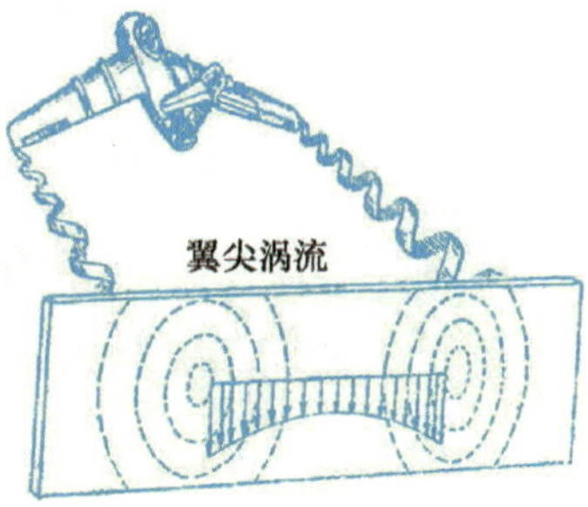

图2-28　翼尖涡流

诱导阻力是伴随着升力的产生而产生的阻力，或者说是由升力“诱导”出来的阻力。飞机在飞行过程中要产生升力，机翼下表面气流的压力大于上表面气流压力，由于流体(液体和气体)的特性会从压力高的地方往压力低的地方流动，机翼下表面的气流也会绕过翼尖往机翼上表面流动。流过机翼下表面的气流，除了有往后的速度之外，还有一个往翼尖方向流动的速度，气流是沿着二者的合速度方向流动，相对于飞行速度来说，机翼下表面气流是往翼尖方向偏斜的(见图2-27)；同理，机翼上表面的气流是往翼根方向偏斜的。流经机翼上下表面的气流在机翼后缘汇合时，具有不同的流动方向，会在机翼后方形成一排旋涡面，由于旋涡的相互作用，这排旋涡面会在机翼后不远处汇合成两束大的旋涡，叫翼尖涡流，简称“翼尖涡”(见图2-28)。

空气流过机翼，会沿着相对气流速度(飞行速度)与翼尖涡引起的速度的合速度方向流动。在机翼范围之内，翼尖涡的方向是往下的，由于翼尖涡附加的往下的速度叫做下洗速度(W)。实际流过机翼的气流是沿着飞行速度和下洗速度的合速度方向流动的，相对于飞行速度来说，它向下倾斜了一个角度，这种向下倾斜的气流叫做下洗流，向下倾斜的角度叫下洗角(ε)。流过机翼的气流是下洗流，飞机产生的实际升力也就是垂直于下洗流方向的，相对于垂直于飞行速度方向的有效升力来说，实际升力向后倾斜了一个角度(ε)，实际升力在垂直于飞行速度方向的分力为有效升力，在平行于飞行速度方向上的分力就是诱导阻力(见图2-29)。

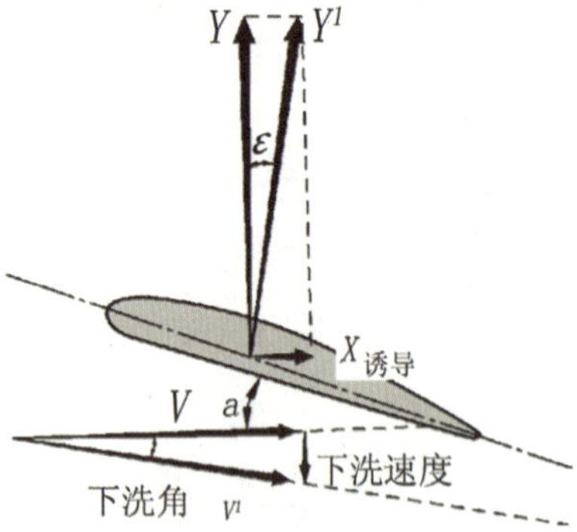

图2-29 诱导阻力的产生

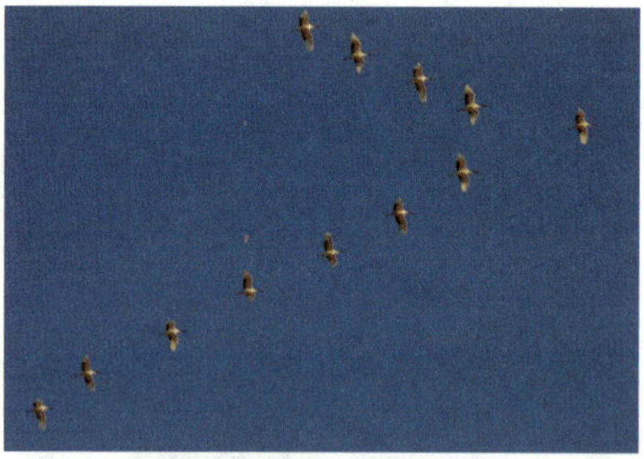
图2-30 迁徙的雁群

读一读

翼尖涡在机翼范围之内的速度是往下的下洗速度，在机翼范围之外的速度就是往上的上洗速度。长途迁徙的大雁在飞行中保持“人”字或“一”字队形(见图2-30)，并由身强力壮的大雁作领头雁，就是让外侧的大雁充分利用内侧大雁翼尖外的上洗速度产生托举作用，飞行起来较为省力。在飞行一段时间后，更换一只领头雁，有利于整个雁群的长途飞行。

相关链接

在飞机发展过程中，随着飞行速度越来越大，飞机越来越细长，而制造大垂尾的工艺跟不上，造成飞机的纵向稳定性不足。为弥补这一缺陷，设计师在机翼的翼尖部分加装了翼尖小翼(见图2-31)。在风洞实验中，惊喜地发现飞机的阻力非常小，原来是翼尖小翼阻挡了机翼下表面的气流向上表面流动，减弱了翼尖涡，减小了下洗速度和下洗角，也就减小了实际升力向后倾斜的角度，有效地减小了诱导阻力。后来飞机的设计制造工艺提高，已不需要翼尖小翼来增强飞机的稳定性，而很多民用飞机仍然保留了翼尖小翼，其目的就是为了减小诱导阻力。鸟类中经常独自飞行的鹰，在飞行过程中翼尖有几片羽毛是上翘的(见图2-32)，也是这个原因。

图2-31　翼尖小翼

图2-32　鹰

五、飞机的重心与平衡

稳定飞行中，飞机不仅受力要取得平衡，这些力对重心形成的力矩也要取得平衡(见图2-33)，飞机才能保持稳定的匀速直线运动状态。

飞机的重力是指飞机各部件、装载重力之和，飞机重力的作用点叫飞机的重心。

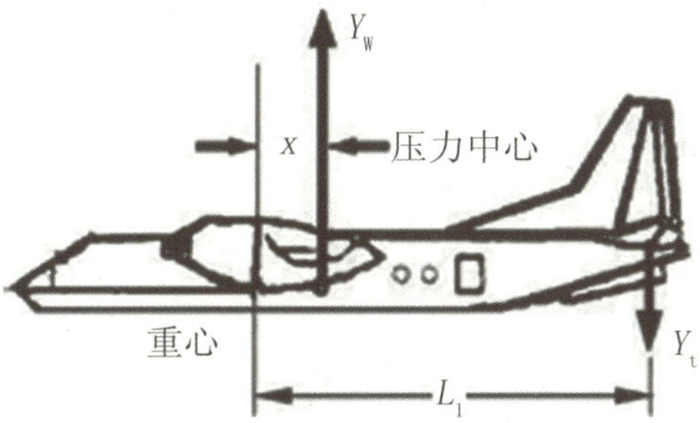

图2-33　俯仰力矩平衡

飞行中，飞机各部分的受力都会对重心形成力矩。前面讲到的平飞受力是一种简单的分析，实际上机翼升力的作用点并不在重心上，升力作用点叫压力中心，在重心之后一小段距离，这样，机翼的升力将对重心构成下俯力矩，使机头下俯，不能维持稳定的飞行状态(见图2-33)。民用运输机都是采用在机身尾部安装水平尾翼的常规布局，为了平衡升力产生的下俯力矩，飞机的水平尾翼(平尾)会产生一个向下的力(负升力Yt)，它作用在重心后面较远的地方，还对重心构成上仰力矩，抵消机翼升力构成的下俯力矩，保持飞机的平衡。平尾产生的负升力与机翼产生的升力的合力才是全机的升力，在平飞中起抵消飞机重力的作用。

飞行中，如果飞机的重心位置发生变化，对飞机的平衡会产生明显的影响。如果飞机的重心靠前，机翼升力与重心之间的距离加长，升力的力臂增长，下俯力矩将增加很多，尽管平尾的负升力的力臂也有所增长，但影响较小，上仰力矩增加有限，飞机的下俯力矩将大于上仰力矩，必须操纵平尾或升降舵增大平尾的负升力才能平衡飞机。而平尾负升力的增大又会削弱全机的升力并增加飞机阻力，使飞机的经济性下降。如果重心过于靠前，靠操纵也不能平衡飞机，飞机不能维持正常飞行。飞机重心靠后则相反。因此，在飞行中，必须保证飞机的重心在一定的范围之内，这就要求在人员、货物的装载时，必须严格按要求装载，将飞机的重心控制在规定的范围之内。

飞机的重心左右移动对平衡也有影响，但由于飞机左右对称，重心基本在对称面之内，移动距离很小，飞机左右机翼、尾翼产生的升力也基本平衡，一般情况下不会造成左右力矩不平衡，故在此不做讨论。

六、飞机的基本操纵方法

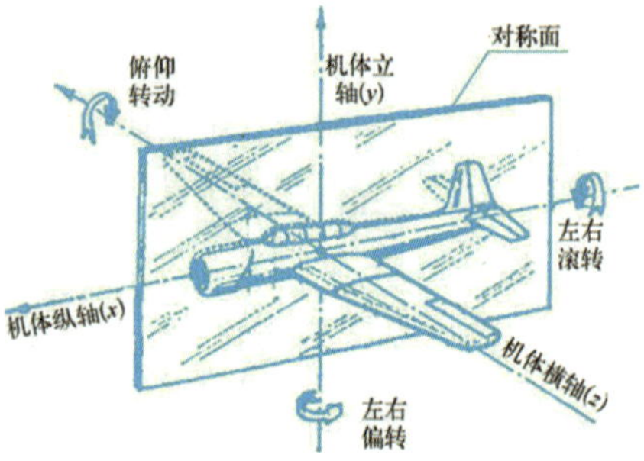

图2-34　机体轴系

为了便于分析飞机的操纵特点，我们先在飞机上建立一个机体坐标系，将对飞机的各种操纵和飞机的运动都分解到对应的坐标轴上。

机体坐标系的原点为飞机的重心。过重心、在飞机对称面内、与机身对称轴平行的轴线叫机体纵轴(x轴)，指向机头方向为正(见图2-34)；过重心、在飞机对称面内、与纵轴垂直的轴线叫机体立轴(y轴)，指向机身上方为正；过重心、垂直于飞机对称面的轴线叫机体横轴(z轴)，指向右翼方向为正。

飞行中，无论飞机的运动状态多么复杂，都可以将其分解到绕三条轴的转动和在三条轴方向上的运动。为了便于描述和理解，将绕机体各轴的转动分别用不同的名称来表达(见图2-34)。绕机体纵轴的转动叫做滚转，绕机体立轴的转动叫做偏转，绕机体横轴的转动叫做俯仰转动。

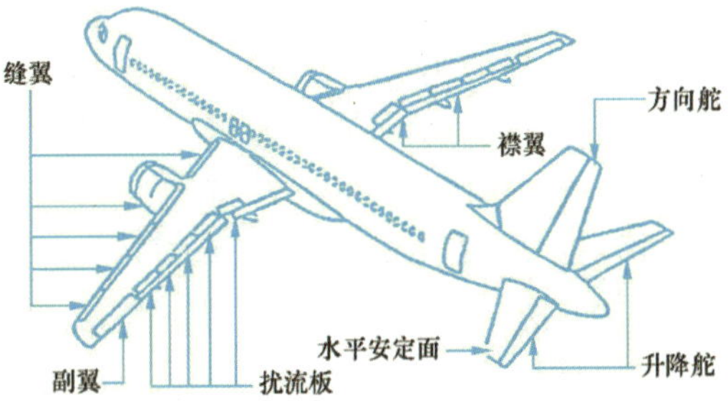

图2-35　飞机的操纵面

飞行员通过驾驶杆和脚蹬操纵不同的舵面使飞机绕各条轴转动，飞机的主操纵舵面有升降舵、方向舵和副翼(见图2-35)。

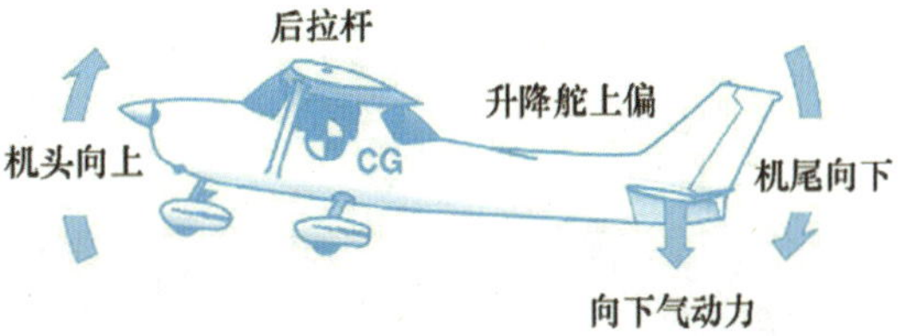

图2-36　俯仰操纵

通过驾驶杆的前推和后拉，控制平尾后方的升降舵偏转。拉杆时，升降舵上偏，飞机的平尾上方气流受阻，速度减小压力增大，在平尾上产生向下的空气动力，由于平尾在重心之后并且离重心较远，这个空气动力将对飞机重心构成上仰力矩，使机头上仰，飞机迎角增大(见图2-36)。同理，如果飞行员推杆，升降舵下偏，平尾产生向上的空气动力，对重心构成下俯力矩，机头下俯，飞机迎角减小。在正常的迎角范围内、飞行速度不变的情况下，拉杆使迎角增大，升力增大，飞机将上升高度，推杆使迎角减小，升力减小，飞机将下降高度。如果要操纵飞机上升，除了拉杆适当增大迎角、增大升力之外，还需相应加大油门，保持足够的飞行速度；操纵飞机下滑，则收小油门，随着速度减小飞机升力减小，飞机自然转入下滑，为防止下滑角太大，还需相应拉点杆，适当增加迎角，才能保持预定的下滑角。

小贴士▼

为提高飞机的操纵性，需增大升降舵面积。现代战斗机将平尾设计成一个整体，全部起升降舵的作用，称为“全动平尾”，操纵性能较常规的升降舵有大幅提高(见图2-37)。

图2-37　战斗机的全动平尾

驾驶杆左右移动习惯称做“压杆”。飞行员向左压杆，左侧翼尖后缘的副翼上偏，右侧的副翼下偏。左副翼上偏，在左侧翼尖部分机翼上表面气流受阻，速度减小，压力增大，产生向下的空气动力;右副翼下偏，在右侧翼尖部分机翼下表面气流受阻，流速减小，压力增大，产生向上的空气动力。这一对方向相反的空气动力对飞机重心形成滚转力矩，使飞机向左滚转，逐渐形成左坡度(见图2-38)。同理，如果飞行员向右压杆，右副翼上偏、左副翼下偏，飞机向右滚转，逐渐形成右坡度。

飞行员左脚向前蹬脚蹬，习惯叫做“蹬左舵”，垂尾后部的方向舵向左偏转，垂尾左侧气流受阻，流速减慢，压力增大，产生向右的空气动力，该空气动力对重心形成使飞机向左偏转的力矩，使机头向左偏转(见图2-39)。同理，蹬右舵，方向舵右偏，垂尾上产生向左的空气动力，对飞机重心形成右偏力矩，使机头向右偏转。

图2-38 横侧操纵

图2-39 方向操纵

坡度(γ)是飞机对称面与飞机纵轴所在的铅垂面之间的夹角(见图2-40)。坡度有左右之分，左侧机翼向下为左坡度，右侧机翼向下为右坡度。操纵飞机转弯时，飞行员要向预定转弯方向压杆，形成预定的坡度后再将驾驶杆回正甚至回过中立位置，防止坡度继续增大，保持好预定坡度。由于飞机带了坡度，飞机升力发生了倾斜，将分解为两个分力(见图2-40)，升力一分力(垂直分力)起平衡重力的作用，升力二分力(水平分力)作向心力使飞机转弯。坡度形成时，升力一分力不足以平衡重力，飞机将转入下滑，为了保持飞行高度，飞行员还需适当拉杆增大迎角，增大升力，坡度较大时还需要加大油门才能保持速度、保持足够的升力。坡度形成时，升力二分力作向心力使飞机转弯，飞行员还需向转弯方向适当蹬舵，产生偏转力矩使机头偏转，才能使飞机协调、稳定地进入转弯。

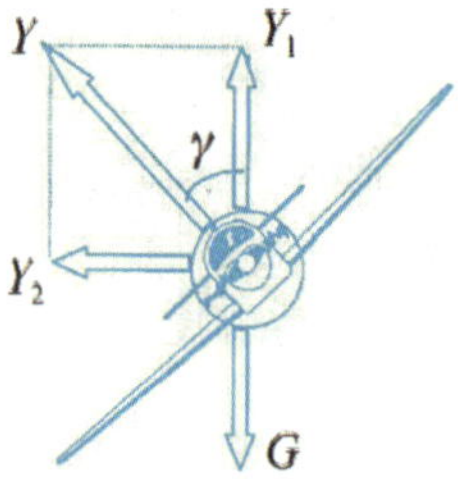

图2-40 坡度

读一读

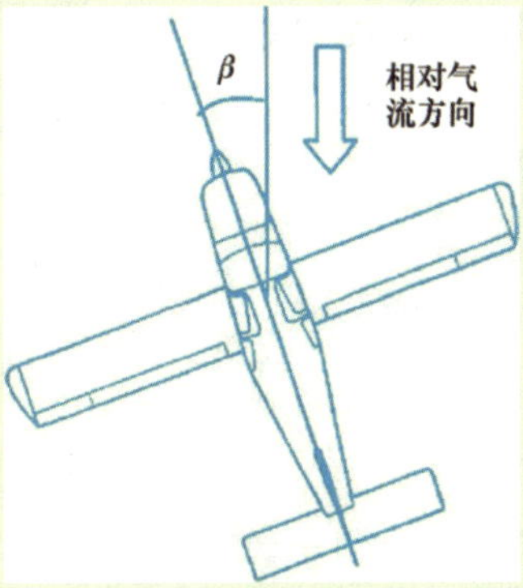

图2-41　侧滑与侧滑角

侧滑是飞机对称面与飞行速度(相对气流)方向不一致的飞行，相对气流方向与飞机对称面的夹角叫做侧滑角(β)，相对气流从飞机对称面左前方吹来，叫做左侧滑，反之叫右侧滑(见图2-41)。正常飞行时飞机不带侧滑，带侧滑时会产生侧力，同时阻力增大，影响飞机的飞行性能和乘客的舒适度，乘客会感觉身体被往一边甩。操纵飞机转弯时如果只压杆不蹬舵，升力二分力也会使飞机进入转弯，但机头跟不上转弯角速度，会落后于飞行轨迹转过的角度，形成侧滑。如果只靠蹬舵使机头偏转而不压杆形成坡度，没有升力二分力作为向心力，机头转过一个角度也会带动飞机转弯，但机头转过的角度超前于飞机轨迹转过的角度，也会产生侧滑。因此，操纵飞机转弯时一定要手脚一致，杆舵配合协调，才能保证飞机不带侧滑转弯。

第三节 飞机机体

飞机的外形差异很大，但无论什么外形、什么用途的飞机，就其组成来说，都可以分成机身、机翼、尾翼、起落架、动力装置和仪表设备六大部分。其中机翼、机身、尾翼和起落架合称为飞机机体，动力装置和仪表设备将在别的章节单独介绍，本节只讲解机体部分。

一、机翼

前面讲过飞机必须要产生足够的升力才能飞离地面，升力主要靠机翼产生。机翼之所以能产生升力，取决于它的形状；飞机在飞行中要想改变升力的大小和方向，还需要通过机翼上的附属设施来实现。

(一)机翼的外形

机翼的外形分为机翼的平面形状和剖面形状(翼型)，翼型在前面的章节已经作了介绍，这里就只介绍机翼的平面形状(见图2-42)。

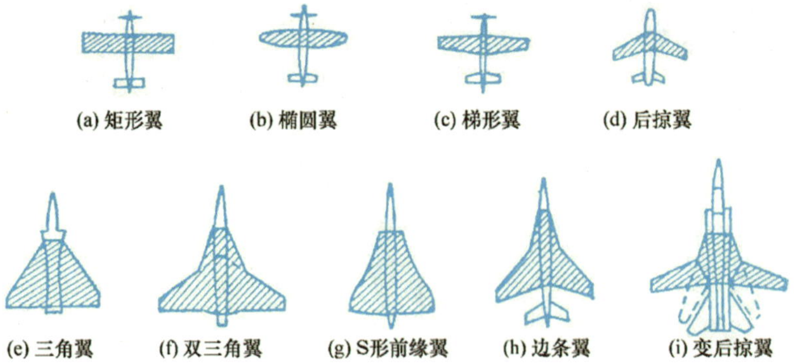

图2-42 机翼的平面形状

图2-42中所示的矩形翼、椭圆翼、梯形翼，它们的机翼前缘与机身轴线垂直，统称为平直翼，平直翼飞机低速性能较好，为大多数低速飞机采用。

后掠翼飞机在高速飞行时有很好的性能，故高速飞机大多采用后掠翼。目前民航使用的航线飞机几乎都是后掠翼。

三角翼、双三角翼、与边条翼配合的后掠翼在高速和大迎角下有较好的气动性能，很多战斗机钟爱这样的机翼。前掠翼在高速飞行时有后掠翼的所有优点，还能从根本上解决后掠翼存在的缺陷，是目前空气动力学理论认为最佳的机翼布局，但由于工艺和材料等问题，还不能取得广泛应用，现在世界上设计制造成功的前掠翼飞机只有俄罗斯苏霍伊设计局设计制造的苏-47“金雕”战斗机(见图2-43)，但由于其他原因，还未能量产。

机翼最外侧叫做翼尖，与机身的接合部叫做翼根，机翼两翼尖之间的直线距离叫飞机的翼展(见图2-44)。机翼产生的巨大升力需要通过翼根传递到机身，因此翼根处是飞机受力最大的部位。

图2-43　“金雕”战斗机

图2-44　翼展

(二)机翼的安装

早期的飞机由于速度小，要获得足够的升力，在设计制造时只能加大机翼面积，在当时的工艺条件下，没有能力制造大面积机翼，只能给飞机设计两副乃至三副机翼(见图2-45)。现代飞机速度很大，不需要很大的机翼面积就能获取足够的升力，制造技术的进步又使设计制造大机翼变成了现实，因此，现代飞机已经完全摒弃了双翼结构，都只安装一副机翼，称为单翼机。

图2-45　双翼机和三翼机

根据机翼安装在机身上的位置不同，单翼机可分为上单翼、中单翼和下单翼(见图2-46)。

飞行中，中单翼飞机在机翼和机身的接合处产生的干扰阻力最小，有较好的飞行性能。但中单翼飞机的翼梁要从机身中部穿过，不便于布置客舱和货舱，故所有运输机都不采用中单翼，这种机翼安装方式多为战斗机采用。

上单翼和下单翼飞机尽管干扰阻力较大，但机翼的翼梁从机身上部或下方经过，

图2-46　上单翼、中单翼和下单翼

不影响机舱布局，常被运输机采用，单从干扰阻力来看，上单翼的干扰阻力要小于下单翼。

上单翼飞机机翼离地较高，如果发动机吊装在机翼上，离地面距离较远，给机务维护带来不便，也给起落架的安装造成一定影响：如果起落架安装在机翼上，其长度势必过长，将会带来强度下降和收放困难等麻烦；如果起落架安装在机身上，主起落架之间的距离就会太近，飞机滑跑的稳定性下降。但上单翼飞机的机身离地很近，机舱位置低，大型货物装卸方便，因此，上单翼的结构被军用运输机广泛采用(见图2-47)。

图2-47　上单翼运输机

下单翼飞机机翼位置较低，吊装在机翼上的发动机位置也低，便于机务维护，但同时也易吸进杂物，对发动机的使用安全造成一定影响。下单翼飞机的起落架可以安装在机翼上，长度很短，便于收放，强度也较大，主起落架之间的距离较大，滑跑稳定性较高，追求乘坐舒适性的民用航线飞机大多采用下单翼。另外，下单翼结构造成飞机机身离地较远，机舱位置较高，装卸不便，如果作为客机使用，乘客可以通过较高的活动登机桥来克服这一缺陷。

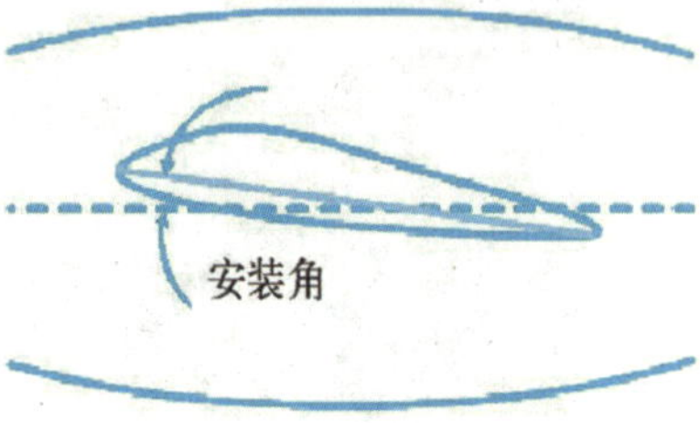

图2-48　机翼安装角

飞机的机翼往往不是和机身平行安装在机身上的，机翼翼弦与机身轴线会有一定的夹角，这个角度叫做机翼安装角(见图2-48)。机翼有一定安装角的目的是为了使飞机在巡航飞行中，机身呈水平的状态下，机翼有一定的迎角，在巡航飞行时，机身轴线与相对气流方向基本平行，产生的阻力较小。现代航线飞机的机翼安装角约为4°。

机翼在机体轴系yoz平面的投影与z轴的夹角叫上(下)反角，机翼投影线指向z轴上方叫做上反角，机翼投影线指向z轴下方叫做下反角(见图2-49)。现代采用下单翼结构的民用飞机，普遍有一定的上反角，大多数采用后掠翼、上单翼结构的军用飞机都有一定的下反角。

图2-49 上反角与下反角

(三)机翼上的控制设备

为了有效操控飞机，充分发挥飞机的性能，在机翼的前缘和后缘安装了很多改善或控制飞机的装置，包括副翼、襟翼、缝翼和扰流板等(见图2-50)。

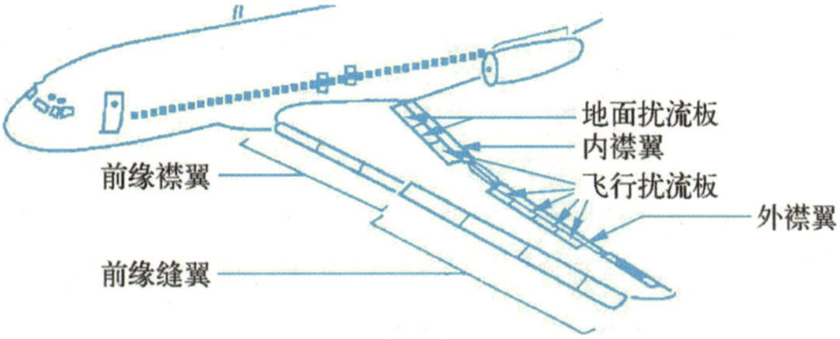

图2-50 改善式控制飞机的装置

副翼安装在机翼外侧后缘，部分高速运输机在机翼中部后缘还安装有内侧副翼，低速飞行时同时使用内、外侧副翼，高速飞行时使用内侧副翼。副翼由飞行员通过驾驶杆左右偏斜实施操纵，副翼可上下偏转。

现代民用航线飞机在机翼后缘除副翼外，其余空间全设计为襟翼，用于改善飞机起飞着陆性能。襟翼只能向下偏转，将其放下后，改变了机翼的弯度，在较低的飞行速度下能有效提高飞机升力，但阻力也会相应增加，增加的比例大于升力增加的比例。在起飞中为防止因阻力增加过多而削弱起飞性能，通常只放小角度襟翼，飞机达到一定高度和速度后再将襟翼收起来，进行正常飞行;在着陆时通常将襟翼全放，可以使飞机在较低速度下获得较大的升力，可以有效地降低着陆接地速度，增加的阻力正好用于着陆减速(见图2-51)，对改善飞机的着陆性能极为有利。

图2-51 着陆放襟翼和张开扰流片

除后缘襟翼外，在机翼前缘部分也安装了襟翼和缝翼，和后缘襟翼一起改善飞机低速性能。

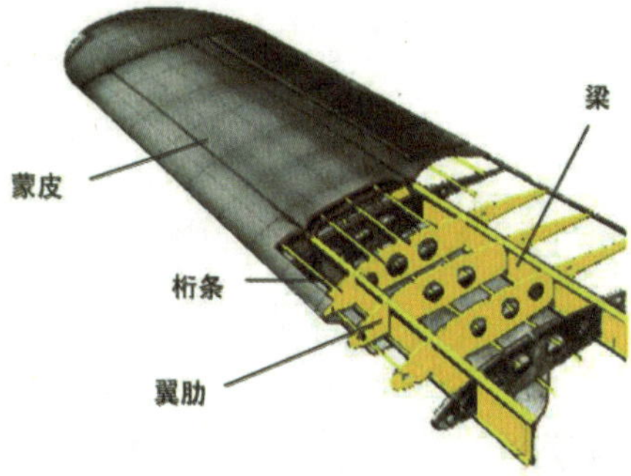

图2-52 机翼的内部结构

现在民用航线飞机在后缘襟翼前方，还设有扰流片，扰流片只能向上张开，主要用于飞机着陆时增加阻力和提高刹车效率。在着陆时张开后，机翼上方气流受阻，阻力急剧增大，升力急剧降低，增大了飞机对地面的压力，刹车效率显著提高(见图2-51)。

(四)机翼的结构

机翼由翼梁、桁条、翼肋和蒙皮组成(见图2-52)。翼梁、翼肋和桁条构成机翼的骨架，蒙皮附着在骨架上就是完整的机翼。翼肋作为机翼的横向骨架，保持着机翼的翼型，直接支持蒙皮承受空气动力;翼梁作为机翼的纵向骨架，承受整个机翼上产生的空气动力，并通过接头将力传给机身;桁条平行于翼梁嵌在翼肋上，以支持蒙皮。

机翼内部有较大的空间，民用飞机通常将其密封后作为存储燃油的油箱，大型喷气式客机的机翼油箱储存了全机四分之一左右的燃油。大多航线飞机主起落架安装在机翼上，机翼的内部空间还有一部分用来设置起落架。

相关链接

图2-53 翼身融合体

一般飞机在机翼与机身的交接处，机身的侧面与机翼表面构成直角(或接近于直角)，这样的组合，由于浸润面积大，阻力也较大。为提升飞机的性能，设计师将机翼与机身合成一体来设计制造，二者之间没有明显的分界面，称为翼身融合体(见图2-53)。多数第三代超音速战斗机都采用了翼身融合体设计，从座舱之后，机身开始由圆变扁，直接与机翼过渡，将机翼机身融为一体。翼身融合体的优点是结构重量轻、内部容积大、气动阻力小，机身的纵剖面都是可产生升力的翼型面，可使飞机的飞行性能有较大改善。后来还发现，由于消除了机翼与机身接合处的接近呈直角的接触面，翼身融合体也有助于减小飞机的雷达反射截面积，改善隐身性能。

二、机身

机身是飞机的一个重要部件，它的主要功用是：固定机翼、尾翼、起落架等部件，使之连成一个整体;同时，它还用来装载人员、货物、燃油及各种设备。

飞行中，机身的阻力要占整个飞机阻力的较大部分，因此，要求机身具有良好的流线型、光滑的表面、合理的截面形状以及尽可能小的横截面积。要减小横截面积，机身最好采用圆形，但为了客货舱布置方便，民用航线飞机的机身截面大多采用椭圆形。为便于根据航空公司需要增减机身长度进行系列化改型，航线飞机的机身往往设计成前后一样粗的椭圆形。

机身在机头部位向下收缩，安置驾驶舱和雷达、仪表等设备，向下倾斜的机头保证了飞行员有开阔的视野。机身尾部向上收缩变细，可以减少飞机的底部阻力，同时在起飞着陆时也有一定的防擦尾作用。

现代航线飞机机身构造大多是由纵向的金属桁梁、桁条和横向的隔框组成骨架，外面覆盖金属蒙皮再和骨架铆接成一个整体。客机内部由地板将机身分为上、下两部分，双层客机还分成上、中、下三部分(见图2-54)，上部安装座椅布置为客舱，下部为货舱和设备舱、油箱等。货机布置较为简单，无须将机舱分成上下两部分，主要考虑装卸货物的方便，大部分地板上设有滑轨、绞盘或起重装置。

图2-54 机身内部分层

三、尾翼

尾翼安装在机身尾部，由水平尾翼(简称平尾)和垂直尾翼(简称垂尾)构成(见图2-55)，尾翼的作用是为飞机提供俯仰和方向的稳定性与操纵性。

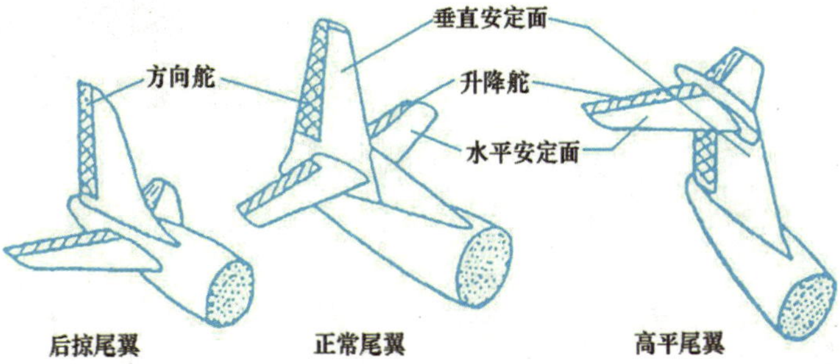

图2-55 尾翼的结构

尾翼结构与机翼类似，但翼型均为对称翼型，即尾翼上下表面弯曲程度相同。尾翼距重心较远，结构上要求越轻越好，故大量采用复合材料。

水平尾翼由固定的水平安定面和后方的升降舵组成，升降舵由飞行员通过前推和后拉驾驶杆操纵，可上下偏转，飞行员推杆时升降舵下偏，飞行中飞机会低头；拉杆时升降舵上偏，飞机会抬头。许多高速军用飞机为了提高飞机的操纵性，将水平安定面与升降舵连为一体，一同偏转作升降舵用，称为全动平尾(见图2–37和图2–53)。平尾的作用主要是为了给飞机提供俯仰稳定性与操纵性，同时还担负着保持飞机俯仰力矩平衡的使命。

垂直尾翼的结构和水平尾翼相似，包括固定不动的垂直安定面和可左右偏转的方向舵，垂直安定面主要为飞机提供方向稳定性，方向舵由飞行员通过脚蹬实施操纵。

相关链接

有的飞机取消了水平尾翼，在机翼前方加装了类似于平尾的小翼面，称为鸭翼或前翼，这样的布局叫做“鸭式布局”。

与传统水平尾翼相比，鸭式布局的飞机可得到正的配平升力：鸭翼在重心之前，为平衡机翼升力形成的下俯力矩，鸭翼上需要产生向上的正升力，提高了飞机的总升力(见图2–56)。

莱特兄弟的“飞行者一号”飞机就采用鸭式布局，但这样的布局由于稳定性和操纵性的问题，没有得到继续采用和研究。近年来，随着航空技术的发展，对飞机稳定性的要求放宽了，鸭式布局才又重新得到重视，世界上有许多军用飞机采用了鸭式布局，我国的“歼十”战斗机也是采用鸭式布局(见图2–57)。

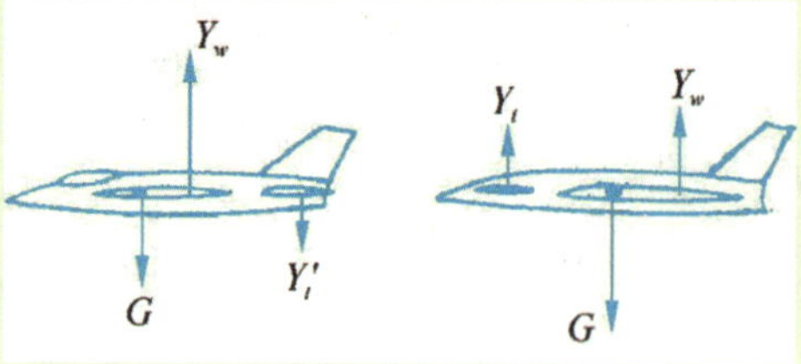

图2–56 鸭式布局

图2–57 “歼十”战斗机

四、起落架

飞机的起落架用于地面支撑飞机、地面移动飞机(滑行)、保证飞机起飞和着陆滑跑的运动功能。起落架除了支架和机轮外，还包括收放系统、减震装置和制动装置几部分。

由于这些功能都是在地面使用，在空中飞行时起落架不仅没有作用，还要产生额外的阻力，因此许多航线飞机、高速飞机都将起落架设计成可收放形式，飞机起飞后将其收起，减小阻力，着陆前再重新放下来。一些低速小型飞机，考虑到飞行速度不高、起落架产生的阻力较小，设计成固定式起落架还能减轻结构重量、提高起落架强度，遂将起落架直接设计为固定式。

起落架收放系统包括起落架舱和收放装置，起落架舱用于起落架收起时存放起落架用，起落架舱设计有舱门，除了收放过程中舱门打开，平时舱门都保持关闭状态，有助于保持飞机外表光滑的流线型。由于起落架不是固定的，为保证收上或放下状态时，起落架能够确实固定在预定位置，在起落架上设置了收上锁和放下锁。

收起落架时，飞行员将起落架收放手柄由“放下”位置扳到“收上”位置，收放系统先开启起落架舱门，然后将放下锁解锁，接着收放动作筒开始工作，将起落架收起，并锁定收上锁，最后再关闭起落架舱门。放下起落架则相反，飞行员将起落架收放手柄由“收上”扳至“放下”位置，收放系统先开启起落架舱门，然后将收上锁解锁，收放动作筒将起落架放下并锁定放下锁，最后关闭起落架舱门。为防止着陆时飞行员忘记放下起落架，许多航线飞机还将起落架收放系统与襟翼联动，在起落架未放下时，襟翼不能放下到着陆位置。

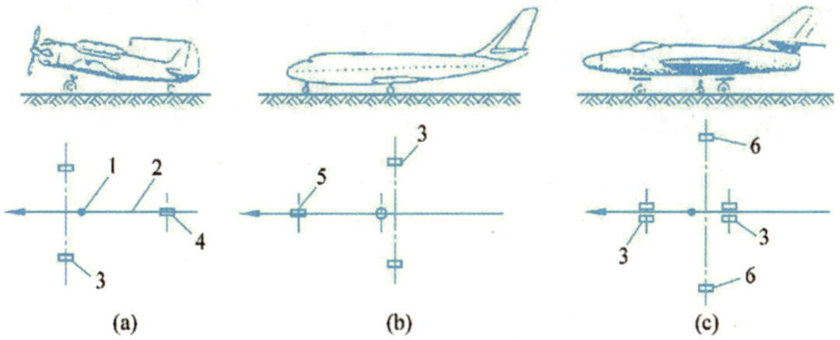

图2-58　起落架的配置型式

大多数飞机配置有三个起落架，称为三点式起落架。其中并列的、较粗大的两个起落架承受了飞机的大部分重量，叫主起落架。飞机重心位于主起落架之后，须在飞机尾部配置后起落架才能支撑飞机，称为后三点式起落架[见图2-58(a)]；飞机重心位于主起落架之前，须在机头位置配置前起落架才能支撑飞机，这种方式称为前三点式起落架[见图2–58(b)]。早期飞机起落架配置以后三点式为主，现代飞机大多采用前三点式，只有个别轻型飞机还采用后三点式。

部分大型飞机由于重量过大，为可靠地支撑飞机，减小飞机对地压强，在机身下还另外设置了机身起落架(见图2–59)。个别飞机还采用自行车式起落架[见图2–58(c)]，一前一后两个起落架承受飞机重量，为防止飞机倾倒，在机翼下还布置有辅助小轮，这种布局一般用于有特殊布局要求、不便于按传统方式设计起落架的飞机，如英国的“鹞”式垂直起降战斗机(见图2–60)。

图2–59 A–380的机身起落架

图2–60 “鹞”式战斗机

大中型航线飞机由于重量大，普遍采用支柱式多轮起落架，而一些小型高速飞机上则采用摇臂式起落架(见图2–61)。

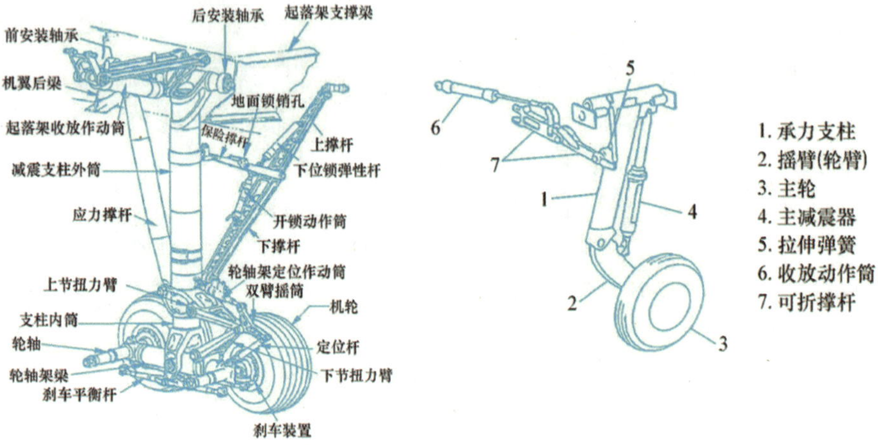

图2–61 支柱式与摇臂式起落架

支柱式多轮起落架一般由多个机轮组成一个轮式小车，车架和减震支柱连在一起，支柱旁有斜支柱和扭力撑杆，斜支柱承受水平方向的力，扭力撑杆抵抗轮式小车产生的扭矩，减震支柱承受垂直方向上的力。减震支柱上方的收放动作筒承担着将起落架收上或放下的任务。支柱与轮架铰接，保证所有机轮可以上下左右相对运动，后部轮架也可绕支柱转动，使轮式小车与地面有最大的接触面积和较小的转弯半径。轮子的数量取决于飞机重量和设计对跑道的压强要求，一般来说重量越大的飞机轮子越多，如空客A-380飞机主起落架和机身起落架一共就有20个机轮。

摇臂式起落架机轮不直接和支柱相连，而是通过一个摇臂与主支柱相连，这种构造方式减少了减震支柱所受的弯矩，使减震支柱易保持密封，减震效果好，但它构造较为复杂，摇臂受力大，不能用于重量太大的飞机，只能用于高速小型飞机，多为战斗机采用。

起落架的减震功能由轮胎和减震支柱实现。轮胎按所充气压不同，分为高压轮胎、中压轮胎和低压轮胎。低压轮胎减震效果最好，对跑道要求也低，但体积大，一般只适用于支线飞机和在低标准机场飞行的飞机。现代大型航线飞机普遍使用高压轮胎。

小型飞机可使用弹簧减震支柱或弹簧片减震，大型飞机一般都是用油气减震支柱(见图2-62)。油气减震支柱由外筒、活塞、活塞杆、带小孔的隔板和密封装置组成，活塞杆连在机轮或轮式小车上，外筒连在飞机起落架固定骨架上，外筒内腔下部装液压油、上部充压缩的干燥氮气。着陆时，机轮接地后通过活塞杆推动活塞向上运动，使液压油高速流过隔板上的小孔向上压缩上方的气体，减震支柱被压缩。当气体压力增大到足够大时，又会膨胀推动液压油高速穿过隔板上的小孔向下流动，推动活塞杆向下运动，减震支柱伸长。气体的反复收缩膨胀、液压油往复高速穿过小孔，和小孔发生剧烈摩擦，产生大量的热，起落架与地面的冲击能量就转变成热能散发掉了，达到了减震效果。

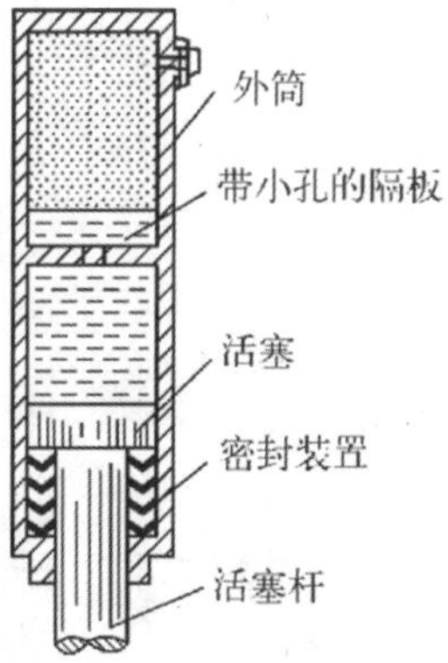

图2-62　油气减震支柱

轮式起落架都装有刹车作为飞机地面制动的装置。大多数民用飞机刹车由飞行员通过脚蹬控制，左右蹬脚蹬时，操纵方向舵偏转，两脚同时踏下脚蹬，则是进行刹车。部分大型飞机的刹车踏板在脚蹬上方，随脚蹬一起运动，飞行员蹬脚蹬时控制方向舵，如需刹车，则用前脚掌压下上方的刹车踏板，压下左刹车踏板时刹左轮，压下右刹车踏板时刹右轮。

大多民用飞机的前起落架不装刹车，但装有转向系统，由脚蹬或手轮(手柄)操纵前轮转向，使飞机在地面转弯。脚蹬操纵前轮用于起飞或着陆高速滑跑的过程，此时前轮与方向舵同时被操纵，脚蹬所能控制的前轮偏转角度较小，飞机转弯半径大；前轮转向手轮主要用于飞机低速滑行且转弯半径较小的情况，如飞机着陆后在跑道上掉头等。

为防止飞机起飞后前轮不在中立位置给收起落架带来不便，也为了避免着陆前前轮不在中立位置导致滑跑方向偏斜，前起落架都设有定中机构，保证前轮在离地状态下处于中立位置。传统的内置式前轮定中机构由一组内部的定中凸轮组成(见图

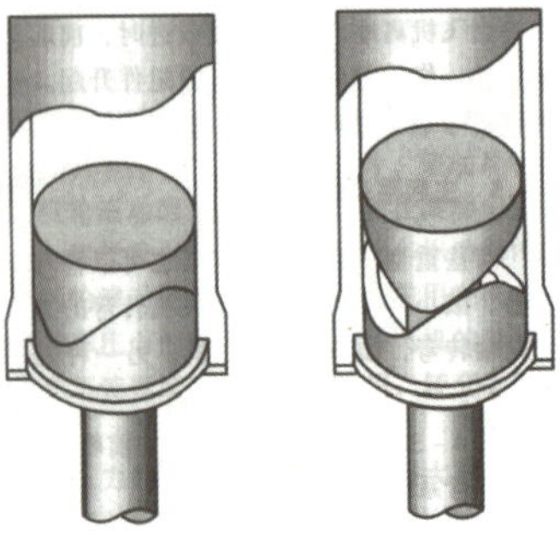

图2-63　前轮定中机构

2-63)，其中一个凸轮安装在减震支柱外筒上，另一个安装在减震支柱活塞杆上。前轮离地时，在重力和支柱内气压的作用下，减震支柱自然伸长，活塞杆上的定中凸轮与外筒上的定中凸轮接触并沿其表面滑动，使前轮自动定位在中立位置。前轮接地后，减震支柱被压缩，活塞杆上的定中凸轮与外筒上的定中凸轮脱离，活塞杆和外筒之间可以相对转动，可操纵前轮进行转向。

相关链接

大多数飞机采用了轮式起落架，但仍有一小部分飞机采用其他型式的起落架系统。

雪橇式起落架可用于在冰雪上起降，一般用于轻型直升机，用于直升机上几乎可以在任何陆地场所起降(见图2-64)。

船身、浮筒式起落架用于水上飞机，飞机靠浮筒和密闭机身产生的浮力浮于水面上，许多水上飞机往往在机身或浮筒下方设计有机轮，主要用于从水面滑上地面或从地面滑下水面(见图2-65)。

图2-64　雪橇式起落架

图2-65　浮筒式起落架

读一读

飞机在地面时起落架处于放下状态，起落架舱空置，时常有无关人员出于种种目的趁地面监护人员疏忽时爬进起落架舱的报道。2005年5月25日上午，东航甘肃分公司一架A320飞机从敦煌机场起飞时，一名10岁左右的男孩从飞机起落架舱内坠地后死亡；2004年11月11日上午，川航一架A320从昆明飞往重庆，着陆后地面人员从起落架舱里发现一名14岁的男孩，发现时男孩已奄奄一息，后经抢救脱离危险，这是唯一的爬进起落架舱后生还的报道。

第四节
飞机的动力装置

飞机的动力装置是指为飞机前进提供动力的整个系统。它包括发动机、螺旋桨、辅助动力装置及其他附件。而其中最主要的部分是航空发动机，人们往往把飞机的发动机比喻为飞机的“心脏”。与航空器的发展历程一样，航空发动机也经历了百余年的发展历史。1903年莱特兄弟将活塞式发动机和螺旋桨装于他们制造的一架双翼飞机，完成了人类历史上的首次依靠自身动力起飞的飞行，开创了飞行的新纪元，也掀开了航空动力装置发展的篇章。

航空发动机可分为活塞式发动机和喷气式发动机两大类，它们都是把燃料燃烧后放出的热能转换为机械能的热力发动机。在第二次世界大战以前飞机的动力装置是由航空活塞式发动机和螺旋桨组成。随着飞机的飞行速度和高度的增加，活塞式发动机的功率和螺旋桨的效率会急剧下降，活塞式发动机已不能满足需要。20世纪30年代末研制出了涡轮喷气发动机，飞机的动力装置有了第二种不同的形式。到了20世纪50年代在涡轮喷气发动机的基础上发展出了涡轮风扇发动机、涡轮轴发动机和涡轮螺旋桨发动机，20世纪70年代又产生了桨扇发动机。现代高速飞机都使用了喷气式发动机，在小型、低速飞机上，由于经济性好、易维护，活塞式发动机还在大量使用。飞行器上发动机的分类如下：

- 飞行器的发动机
  - 吸空气式发动机
    - 活塞式发动机
    - 燃气涡轮发动机
      - 涡轮喷气发动机
      - 涡轮风扇发动机
      - 涡轮螺旋桨发动机
      - 涡轮轴发动机
      - 桨扇发动机
    - 冲压喷气发动机
    - 脉动喷气发动机
  - 火箭喷气发动机
    - 化学火箭发动机
      - 液体火箭发动机
      - 固体火箭发动机
    - 核火箭发动机
    - 电火箭发动机

其中喷气发动机根据燃料燃烧时所需要的氧化剂的来源不同，可分为两大类：一类是空气喷气发动机，它自身携带燃料，燃烧时需要利用空气中的氧气作为氧化剂，因此使用中不能脱离大气层。另一类是火箭发动机，它自带燃料和氧化剂，在大气层内和太空中都能使用，目前它是航天器唯一的动力装置。现在民用飞机使用的喷气式发动机都是带压气机的，本节只介绍民航飞机上使用的活塞式发动机和带压气机的空气喷气发动机。

小贴士▼

世界主要民用航空发动机制造商有：通用电气公司(GE公司)、罗尔斯·罗伊斯公司(罗罗公司)、普拉特·惠特尼公司、CFM国际发动机公司、国际航空发动机公司、发动机联盟。

一、活塞式发动机

活塞式发动机是一种四冲程汽油内燃机，发动机工作时输出的扭矩通过减速器降低速度后带动螺旋桨，螺旋桨旋转产生拉力或推力为飞机提供前进的动力。

(一)组成和分类

活塞式发动机的主要组成部分包括：汽缸、活塞、连杆、曲轴、机匣、进排气门机构和工作系统(见图2-66)。

活塞式发动机按活塞的运动方式分为往复式活塞发动机和转子活塞发动机；按喷油的形式分为汽化器式和直喷式；按冷却方式可分为液冷式和气冷式。

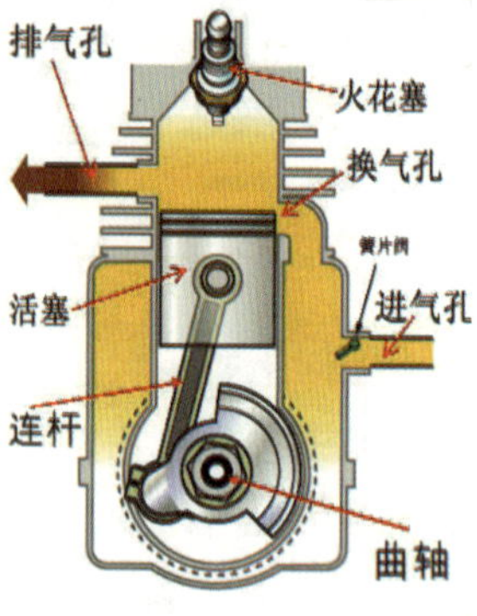

图2-66　活塞式发动机结构

(二)基本工作原理

活塞式发动机工作时，汽油和空气混合后在汽缸中燃烧，产生高温高压燃气，燃气膨胀推动活塞运动，活塞带动连接在活塞上的连杆，推动曲轴转动(见图2-67)。活塞在汽缸内运动到最上方的位置叫做上死点，最下方的位置叫下死点。活塞从上死点往下死点或从下死点往上死点运动一次叫一个冲程。活塞发动机的工作过程由进气、压缩、工作和排气四个冲程组成。

进气冲程：活塞从上死点开始向下死点运动，汽缸内容积变大，此时进气活门打开而排气活门关闭，空气和汽油混合的新鲜气体进入汽缸内，当活塞运动到下死点时，进气活门关闭，进气冲程结束。此时，汽缸内充满了新鲜的混合气。

压缩冲程：进气冲程结束后，活塞在曲轴和连杆的带动下向上死点运动，此时进气活门和排气活门都处在关闭位置，汽缸内的空间变小，对混合气进行压缩，以便燃烧后膨胀做功。当活塞运动到上死点时，压缩冲程结束，混合气的压力和温度都升高，为燃烧做好了准备。现代航空活塞发动机压缩冲程结束后，混合气的压力将达到10余个大气压，温度400℃左右。

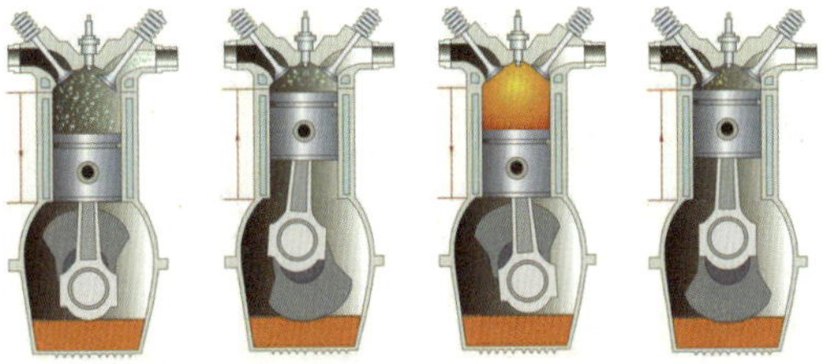

图2-67　活塞式发动机工作原理

工作冲程：当压缩冲程结束的那一瞬间，汽缸内的火花塞(又叫电咀)通电产生电火花，混合气被点燃并燃烧，产生的燃气温度和压力急剧升高(温度可达2500℃，压力可达50~75个标准大气压)，燃烧后的高温高压燃气膨胀，推动活塞向下运动，对活塞做功。活塞通过连杆带动曲轴旋转，这时汽油燃烧的热能转变为曲轴转动的机械能。当活塞运动到下死点时，工作冲程结束。

排气冲程：工作冲程结束后，曲轴在惯性作用下通过连杆带动活塞从下死点开始向上死点运动，此时排气活门打开而进气活门关闭，随着活塞的向上运动，燃烧后的废气不断地从排气门排出。当活塞到达上死点时，排气活门关闭，进气活门打开，进入下一个工作循环的进气冲程。

可见，活塞发动机在一个工作循环内，交替完成了进气、压缩、工作和排气四个冲程，一个工作循环，活塞往复运动两次，曲轴转动两圈，其中只有工作冲程是燃料燃烧做功，将燃料的化学能转变成曲轴转动的机械能，其余3个冲程都是靠曲轴转动的惯性通过连杆带动活塞完成的，也就是说活塞发动机的工作中，燃料燃烧、能量转化并不是连续的。

为了使发动机能够连续稳定工作，航空用活塞发动机采用多汽缸结构(5~28缸)，大多采用星形布局(见图2-68)。多个汽缸围绕曲轴排成一圈或两圈，各汽缸交替工作，保证任何时候都有汽缸在做功，使发动机连续稳定地工作。

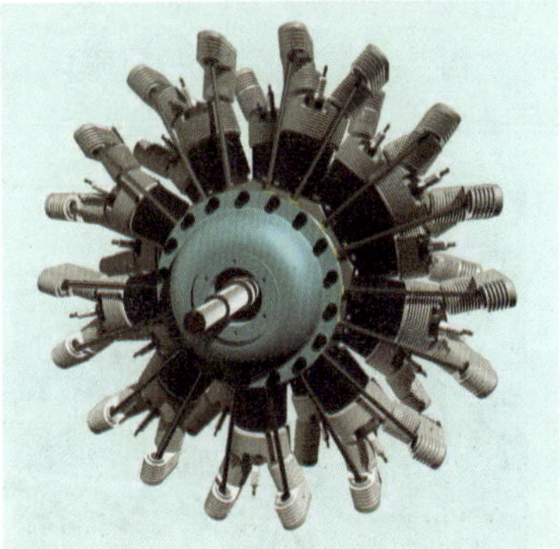

图2-68　星形布局发动机

(三)活塞式发动机的工作系统

活塞式发动机能够连续不断地工作，除了在结构上的主要组成部分之外，还必须要有各个工作系统进行配合工作。活塞式发动机的工作系统主要有：进气系统、点火系统、润滑系统、冷却系统和启动系统。

进气系统的作用是将从燃油泵来的燃油汽化，以便与空气均匀地混合，组成混合比适当的混合气，满足发动机在各种工作情况下的需要。航空活塞式发动机上采用的进气系统有两种：一种是汽化器式燃料系统，此系统是在发动机的进气管路中将被汽化器雾化的燃油喷入，并与空气进行混合组成混合气然后进入汽缸内。另一种是直接喷射式燃料系统，此系统是在进气冲程中将燃料直接喷入到汽缸内与空气进行混合组成混合气。

小贴士▼

混合比适当，是指混合气中的汽油完全燃烧时，吸入的氧气也消耗完了。如果汽油完全燃烧而氧气未消耗完，叫做贫油，发动机功率会下降;如果氧气消耗完而汽油未完全燃烧，称为富油，发动机功率下降、冒黑烟，经济性降低。

点火系统是利用高压电产生电火花的方法来点燃混合气，主要由产生高压电的磁电机和点火分配器及火花塞组成，

发动机工作时磁电机产生高压电，并通过点火分配器按发动机的点火顺序将高压电输送至各汽缸的火花塞，火花塞产生电火花点燃混合气。

润滑系统是把数量足够和黏度适当的滑油循环、不间断地输送至汽缸，使汽缸和活塞之间得到良好的润滑和冷却，达到减少摩擦、降低磨损、清洁和防腐的目的。润滑系统由滑油箱、滑油泵、滑油滤、滑油散热装置和管道组成。

冷却系统又称散热系统，是使冷却介质流过汽缸壁，带走汽缸壁的一些热量，使汽缸温度稳定在适宜的范围内，保持发动机的正常工作。航空活塞发动机多采用气冷式进行冷却，在汽缸外壁上有很多散热片，利用迎面气流吹过散热片带走热量。为防止汽缸温度过低，还在发动机前加装了百叶窗式散热风门(见图2-69)，可根据汽缸温度来调节百叶窗的开度，控制流过发动机散热片的空气流量。

图2-69 发动机散热风门

启动系统使发动机从静止状态过渡到工作状态，启动系统分为气动和电动两种。气动启动是使用压缩空气进入汽缸推动活塞运动，使发动机开始

转动。电动启动是使用电动机带动发动机的曲轴旋转。

(四)螺旋桨

航空活塞式发动机是一种将热能转换为机械能的内燃机，它并不能单独为飞机提供前进的动力，必须通过螺旋桨才能推动飞机前进。

螺旋桨是在流体中产生驱动力的装置，适用于液体也适用于气体，飞机上的螺旋桨为空气螺旋桨。螺旋桨在空气中旋转将发动机曲轴转动功率转化为推进力，使飞机向前运动。因此，活塞式发动机和螺旋桨一起才构成飞机的动力装置。

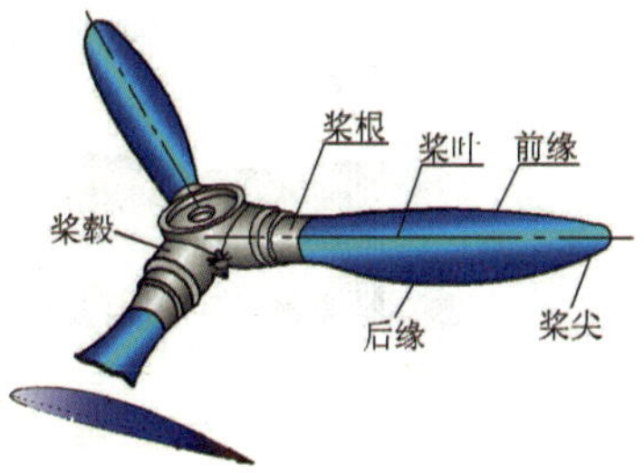

图2-70 螺旋桨剖面

现代螺旋桨主要由桨叶、桨毂及桨叶变距机构等组成(见图2-70)。桨叶的剖面形状和翼型相似，桨叶的前、后表面分别相当于机翼的上、下表面，螺旋桨旋转时，桨叶与空气有相对运动，在桨叶的前表面(剖面较凸)空气流动快，压力小；桨叶后表面空气流速慢，压力大，桨叶前后表面有压力差，这个压力差形成了螺旋桨的推动力。桨叶变距机构用来改变螺旋桨的桨叶角从而改变螺旋桨推动力的大小。制作螺旋桨的材料有木料、钢材、铝材或复合材料，现代大多数螺旋桨使用的是铝合金材料，它可以做成更薄、更有效的叶型，减轻了结构的重量而不减少结构的强度。

二、空气喷气发动机

空气喷气发动机是一种把燃料的化学能转换为气体的压力能和内能，利用燃气从尾部高速喷出时所产生的反冲作用力推动飞机前进的发动机。这种发动机能够直接产生推力，它本身既是热力机，又是推进器。也就是说，它是热力机和推进器合为一体的航空动力装置。装有空气喷气发动机的飞机能够满足高速飞行对动力的要求，飞行速度可以达到或超过音速。

空气喷气发动机推力产生的根本原因，在于气体流过发动机内部时，气体和发动机之间产生的作用与反作用的结果。喷气式发动机工作时，气体流过发动机，在发动机内气体被进行压缩、燃烧，使气体的压力和温度都大大提高，气体在发动机内部必然力图向四面八方自由膨胀。而发动机内壁则要限制气体自由膨胀，只准它向喷口一个方向膨胀加速，最后气体就以很高的速度从喷口喷出，高速喷出的燃气将对发动机产生很大的反作用力，这个反作用力就是发动机的推动力。

目前，民用飞机使用的空气喷气发动机，根据构造不同可分为涡轮喷气发动机、涡轮螺旋桨发动机、涡轮风扇发动机和涡轮轴发动机四种。

(一)涡轮喷气发动机

涡轮喷气发动机是最早被研制出来的喷气式发动机，它主要由进气道、压气机、燃烧室、涡轮和喷管组成(见图2-71)。

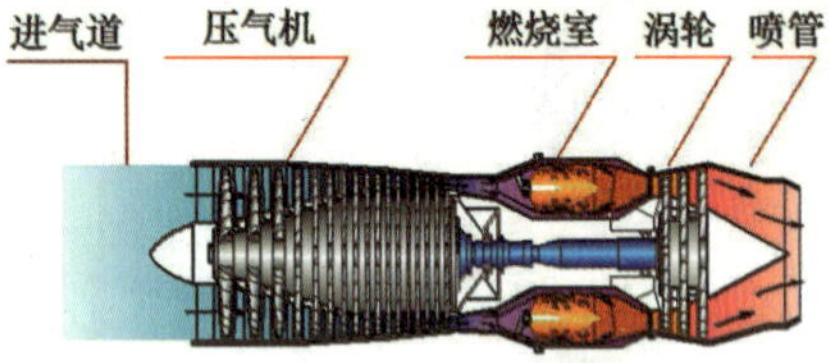

图2-71　涡轮喷气发动机结构

1.进气道

进气道的作用是在各种飞行状态下，整理进入发动机的气流，将足够量的空气以最小的流动损失顺利地引入压气机。民用航空飞机主要使用的是亚音速进气道，现代军用战斗机主要使用的是超音速进气道。

2.压气机

压气机的主要作用是通过高速旋转的叶片对空气做功，将进气道流来的空气进行压缩，使空气的压力和温度提高，为燃料燃烧、燃气膨胀做功创造条件。从压气机引出的空气还可以进行发动机冷却、机体防冰、机舱空气增压和调温等。根据压气机的结构型式和气流在压气机内的流动方向可将压气机分为轴流式压气机(见图2-72)和离心式压气机(见图2-73)。

轴流式压气机由许多级叶片组成，每一级的工作原理几乎一样。轴流式压气机由不旋转的静子和高速旋转的转子组成。静子由一排排整流叶片组成整流环，各个整流环与机匣固定在一起。转子也由一排排工作叶片组成叶轮，叶轮与涡轮相连，被涡轮带动高速旋转。发动机工作时，转子的工作叶片以很高的速度旋转，对空气做功，使空气受到压缩，压力和温度提高，同时还将空气的速度增大以较大的速度向后排出。从工作叶片流出的空气进入整流叶片中，由于整流叶片的通道是扩散形，空气在通过整流叶片扩散形通道时速度减小压力增大。增压后的空气又流入下一级的工作叶片和整流叶片，这样空气就被不断的压缩，空气的压力越来越大、温度越

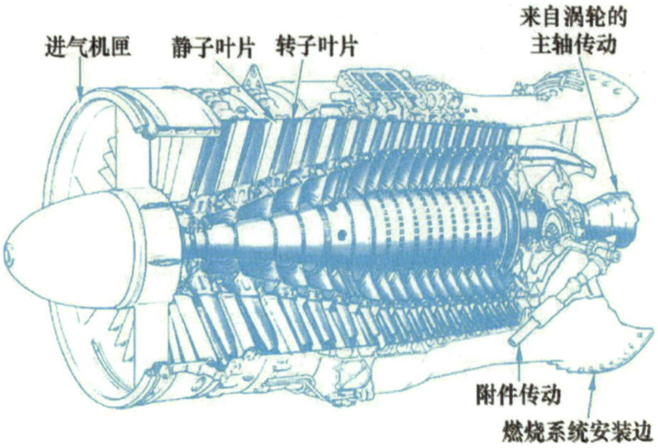

图2-72　轴流式压气机

来越高。轴流式压气机是对空气进行逐级增压，效率高，迎风面积小，现代喷气式发动机广泛采用轴流式压气机。

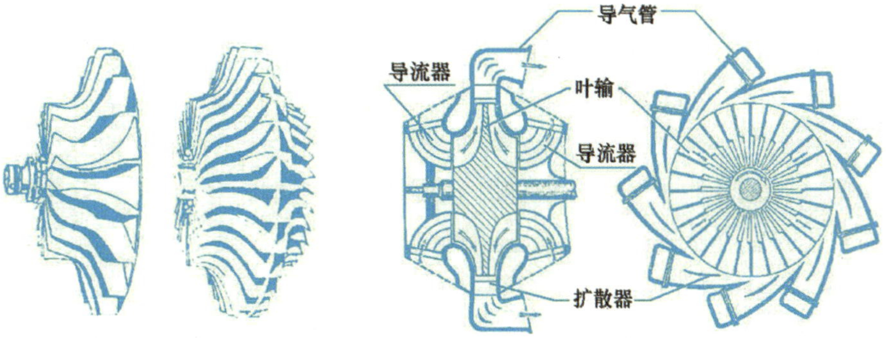

图2-73　离心式压气机

离心式压气机主要由导流器、叶轮、扩散器和导气管组成。叶轮的轴与涡轮轴连接在一起，被涡轮带动旋转。发动机工作时空气被吸入叶轮中心，空气进入叶轮后被叶片推动随叶轮高速旋转，空气受到惯性离心力的作用向外甩，使空气加速向外，层层空气受到挤压，使空气的压力和温度升高。空气离开叶轮后进入扩散器，速度降低，压力继续升高。离心式压气机的特点是增压比高，重量轻，但流动损失大，效率低，迎风面积大，多为早期的喷气式发动机采用。

3.燃烧室

燃烧室是燃料与压气机流出的高压空气进行混合并进行燃烧的装置(见图2-74)。在燃烧室内燃料与空气混合燃烧后，燃料的化学能转换为气体的热能，气体的温度大大提高，形成高温高压的燃气向后排出。

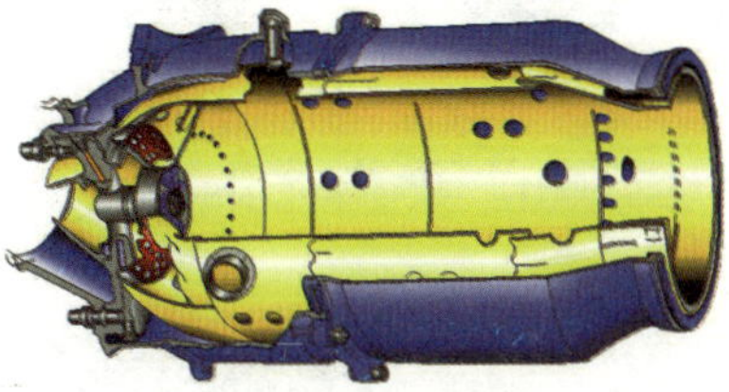

图2-74　燃烧室

燃烧室主要由火焰筒、旋流器(涡流器)、燃油喷嘴和燃烧室外套等组成。火焰筒是空气与燃油混合燃烧的地方，火焰筒头部有旋流器和燃油喷嘴。从压气机出来的高压空气在火焰筒头部分为两股，一股(约占空气总量的25%)经火焰筒头部进入火焰筒，与燃油混合进行燃烧；另一股经火焰筒外部与燃烧室外套之间的通道向后流动，对火焰筒进行冷却，最后由火焰筒后部的小孔进入火焰筒，与第一股燃烧后的高温燃气混合，使燃烧室的出口燃气温度降低到涡轮能承受的温度，然后再流向涡轮。

4.涡轮

从燃烧室喷出的燃气和空气吹向涡轮，在气流的作用下使涡轮高速旋转做功，涡轮旋转带动压气机转动。涡轮的基本组成有导向器和工作叶轮(见图2-75)，导向器安装在工作叶轮的前面，固定不动;工作叶轮通过轴与压气机转子轴连接。与压气机相似涡轮的导向器中安装有导向器叶片，工作叶轮周围安装有涡轮叶片。从燃烧室流出的气流，首先流过导向器叶片，速度加大、温度和压力降低，其次高速气流就以适当的角度冲击涡轮叶片，使涡轮高速旋转。对于不同型号的涡轮喷气发动机，涡轮可以从一级到很多级，而在前面级的涡轮叶片承受的温度高、转速大，后面级承受的温度低、转速也较小。由于涡轮在高速旋转，使涡轮的材料承受极大的惯性离心力的作用。燃气涡轮发动机工作时，涡轮前的燃气温度越高则发动机对热的利用率越好，经济性越好。但这个温度受到涡轮材料的强度和耐热性能的限制。

5.喷管

喷管安装在涡轮后面(见图2-76)，其主要作用是使从涡轮流出的燃气膨胀、加速，增大燃气的动能，提高燃气的速度，使燃气以很大的速度按设计的方向排入大气，从而产生推力。喷管中装有整流锥，使涡轮出来的环状气流经过整流锥后变为柱形向后流动的气流。在大型飞机的喷管中常装有反推装置，当飞机着陆接地后打开反推装置，改变排气方向产生与飞机速度相反的推力，使飞机很快减速，从而缩短着陆时的滑跑距离(见图2-77)。有些喷管还装有消音装置，以减小发动机的排气噪声。

图2-75 导向器和工作叶轮

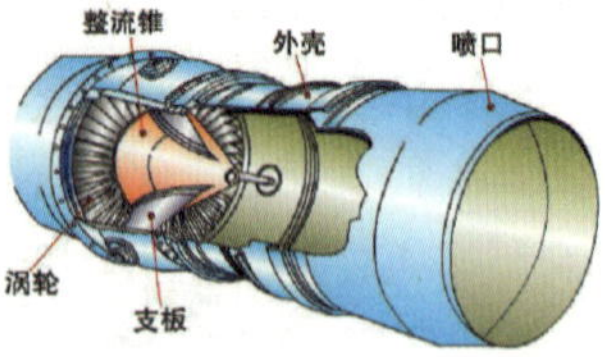

图2-76 喷管

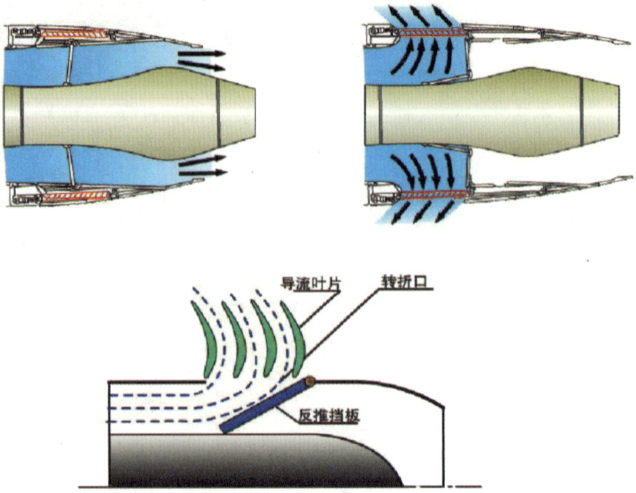

图2-77 几种推力反向方法

涡轮喷气发动机是最先被设计和制造出的燃气涡轮发动机，涡轮喷气发动机的压气机、燃烧室和涡轮合称核心机或燃气发生器。涡轮喷气发动机的结构简单、重量轻、推力大，适应于高速飞行，但它的油耗大、经济性差。后来，人们在此基础上根据不同的需要，又研究和制造出了涡轮螺旋桨发动机、涡轮风扇发动机、涡轮轴发动机和桨扇发动机。

(二)涡轮螺旋桨发动机

涡轮喷气发动机适用于超音速飞行，但在低速、亚音速飞行时，推进效率低、经济性差。而螺旋桨在这个速度范围内推进效率高，但传统的带动螺旋桨工作的活塞发动机结构复杂、重量大，在涡轮喷气发动机出现之后，人们就将喷气式发动机和螺旋桨结合，发明了涡轮螺旋桨发动机(见图2-78)。涡轮螺旋桨发动机简称涡桨发动机，它用涡轮喷气发动机输出的轴功率来带动螺旋桨旋转而产生推动力，驱动飞机前进。目前从事航空运输的螺旋桨飞机几乎都采用涡轮螺旋桨发动机。

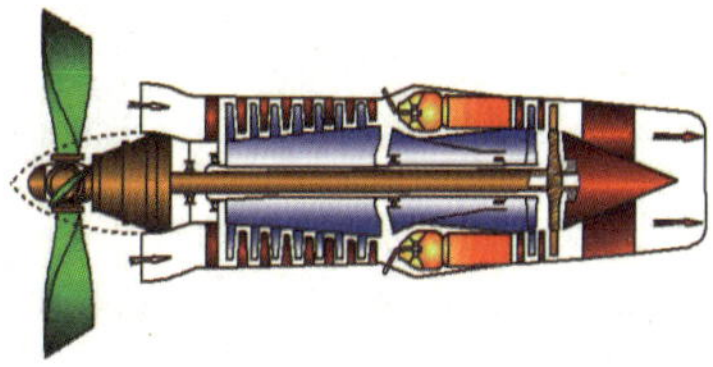

图2-78　涡轮螺旋桨发动机

涡轮螺旋桨发动机的基本构造和涡轮喷气发动机的类似，它同样包括进气道、压气机、燃烧室、涡轮和喷管。所不同的是，涡轮螺旋桨发动机比涡轮喷气发动机多了螺旋桨和减速器。涡轮螺旋桨发动机的压气机有离心式、轴流式和组合式的压气机。螺旋桨和压气机共用一根轴同涡轮连接的，叫做单轴式涡轮螺旋桨发动机，螺旋桨和压气机各用一根轴分别与涡轮连接的，叫双轴式涡轮螺旋桨发动机，这种双轴式的涡桨发动机采用两套涡轮，一套工作涡轮和压气机相连，以高转速工作；另一套独立涡轮安装在带动压气机的工作涡轮之后，转速较低，并通过减速器带动螺旋桨旋转。涡轮螺旋桨发动机产生的动力以螺旋桨的推动力为主，约占全部推进动力的90%，喷管喷出的燃气所产生的推力只占10%。由于螺旋桨推进效率随速度的增大而减小，因此适用于飞行速度在600千米/小时以下的飞机。通常在中速客机和支线飞机以及小型飞机上采用涡轮螺旋桨发动机作为飞机的动力装置。

(三)涡轮风扇发动机

由于高速时螺旋桨的效率迅速下降，经济性变差，涡轮螺旋桨发动机不适宜于在高速条件下飞行。为了提高飞机的飞行速度，人们又研制出了一种直径较小的增压风扇代替涡轮螺旋桨发动机的螺旋桨，并在风扇外面罩以外壳，由于风扇的叶片大大缩短，并被放入一个有限直径的涵道内，从而避免了螺旋桨高速转动时桨尖产生激波的情况，使飞行速度得以提高。这种发动机称为涡轮风扇发动机，简称“涡扇发动

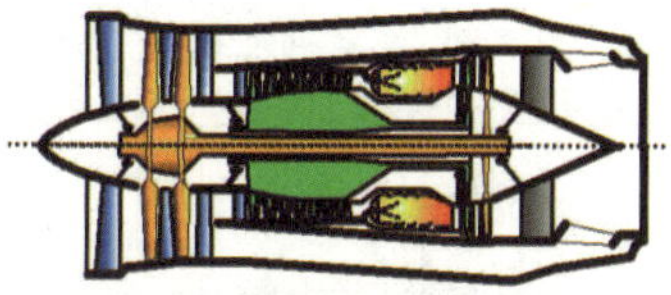

图2-79　涡轮风扇发动机

机”，它是目前广泛使用的航空燃气涡轮发动机之一(见图2-79)。

涡扇发动机是由涡轮喷气发动机加一外壳和风扇组成，这种发动机具有内、外两个气流通道，分别称为内涵道和外涵道，因此涡扇发动机又称为内外涵发动机。内涵道类似于涡轮喷气发动机，外涵道则为风扇环形气流通道。涡扇发动机工作时，空气经进气道流过风扇，流过风扇的空气分成两股。一股进入内涵道，经过压气机空气被压缩后与燃烧室的燃油混合燃烧，形成高温高压燃气推动涡轮旋转，涡轮又带动压气机和风扇，最后燃气通过喷口喷出，产生推力；另一股经过高速旋转的风扇后空气的速度增加从外涵道排入大气，产生推力。

涡扇发动机的总推力由内涵产生的推力和外涵产生的推力两部分组成。内涵推力的产生与涡轮喷气发动机的相同，外涵推力的产生和螺旋桨相似。涡扇发动机外涵道空气质量流量与内涵道空气质量流量之比称发动机涵道比。涡轮风扇发动机的内外涵道的气流排气方式有混合式和非混合式两种。混合式指外涵气体经风扇后流到混合器内与内涵气体混合后从同一个喷口排出；非混合式是指外涵气体与内涵气体分别从各自的喷管排出。通常高涵道比的涡轮风扇发动机采用非混合式；低涵道比(带加力)的涡轮风扇发动机采用混合式排气(见图2-80~图2-81)。

涵道比越高，说明涡扇发动机中风扇部分空气流量越大，风扇产生的推力所占比例也越大，更适于速度稍低的飞行；涵道比越低，说明发动机内涵部分空气流量越大，内涵产生的推力也越大，更适合高速飞行。目前航线客机普遍采用较高涵道比的涡扇发动机，速度更快的战斗机则普遍采用涵道比较低的涡扇发动机。

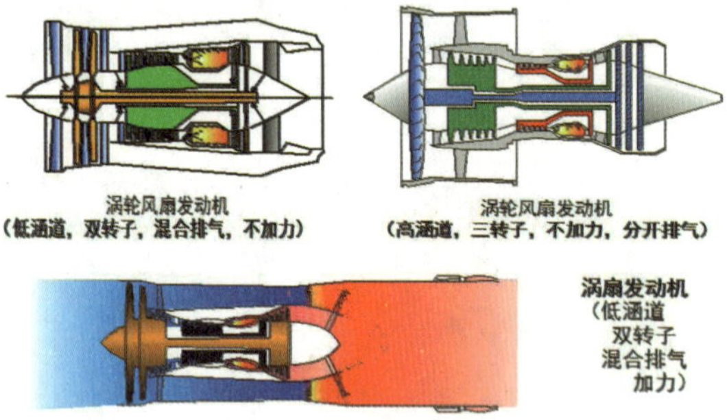

图2-80 涡扇发动机排气方式

图2-81 分开排气的涡扇发动机

(四)涡轮轴发动机

在直升机和一些其他应用中需要输出一个轴功率而不需要产生推力的燃气涡轮发动机，涡轮轴发动机就是一种输出轴功率的燃气涡轮发动机(见图2-82)。在工作和构造上，涡轮轴发动机同涡轮螺桨发动机很相近。在带有压气机的燃气涡轮发动机中，涡轮轴发动机出现的较晚。但已在直升机和垂直/短距起落飞机上得到了广泛的应用。涡轮轴发动机也有进气道、压气机、燃烧室、涡轮和尾喷管等喷气式发动机的基本构造，但它一般都装有普通涡轮和自由涡轮两种不同工作状态的涡轮。装在前面的是普通涡轮，它带动压气机，维持发动机工作，装在后面的是自由涡轮，燃气推动它做功，通过传动轴专门用来输出轴功率。涡轮轴发动机大部分用于直升机，它与旋翼配合，构成了直升机的动力装置。为了合理地安排直升机的结构，涡轮轴发动机的喷口，可以向上、向下或向两侧，不像涡轮喷气发动机那样非向后不可。这有利于直升机设计时的总体安排(见图2-83)。

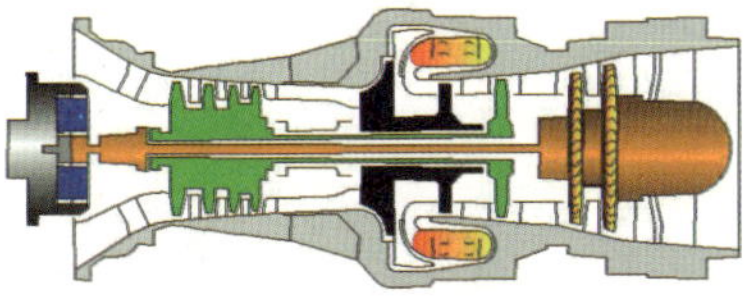

图2-82　涡轮轴发动机结构

图2-83　直升机喷管向外侧

涡轮轴发动机同活塞发动机相比，涡轮轴发动机输出的功率要大得多，活塞式发动机则相差很远。在经济性上，涡轮轴发动机的耗油率略高于最好的活塞式发动机，但它所用的航空煤油要比后者所用的航空汽油便宜，这在一定程度上得到了弥补。当然，涡轮轴发动机也有其不足之处，它制造比较困难，制造成本也较高。特别是由于旋翼的转速更低，它需要比涡轮螺旋桨发动机更重更大的减速齿轮系统，有时它的重量竟占发动机总重量的一半以上。

(五)辅助动力装置

在大、中型飞机上和大型直升机上除了主引擎外，还装有机载辅助动力装置(APU)，安装APU的目的是用于在主引擎尚未启动时为飞机提供电力和增压空气，飞机上的APU通常不为飞机提供前进的动力，但也有少量的APU可以向飞机提供附加推力。

飞机在地面和起飞时APU提供的电源和压缩空气，用于启动发动机、保证发动机启动前和起飞过程中客舱和驾驶舱内的照明和空调需要，使发动机的功率全部用于地面加速和爬升，改善了起飞性能。降落后，仍由APU提供电力和空调，使主发动机可以提早关闭，从而节省了燃油，降低机场噪声。通常在飞机爬升到一定高度后将APU关闭，但在飞行中当主发动机空中停车时，APU可在一定的高度(一般为10000米)以下的高空中及时启动，为主发动机重新启动提供动力。

图2-84 APU喷管

飞机的APU通常是一台小型的燃气涡轮发动机，一般安装在机身最后段的尾椎内，在APU外的机身上开有进气口，排气直接由尾椎后端的排气口排出。像其他的燃气涡轮发动机一样，APU的主要结构也由压气机、燃烧室、涡轮和喷管(见图2-84)构成，多数APU的前端除正常压气机外还装有一个向飞机供气用的引气压气机，它向飞机的座舱环境控制系统输送压缩空气，以保证机舱的空调系统工作用气。同时还带动一个发电机，可以向飞机的电网输送115V的三相电流。飞机辅助动力装置和主发动机一样，也必须有一些工作系统，例如燃油、滑油、启动、空气、指示和控制系统以及防火装置等。APU有自己的启动电动机，由单独的电池供电，它的燃油来自飞机的总的燃油系统。飞机的辅助动力装置是一个完整的独立系统，它的控制板装在驾驶员上方的仪表板上，它的启动程序、操纵、监控及空气的输出都由电子控制组件协调，并在驾驶舱的相应位置进行显示。

现代的大、中型客机上，APU是保证飞机地面停放时客舱舒适的必要条件，也是为发动机正常启动提供压缩空气、保证发动机空中停车后再次启动的主要装置。因此APU已成为大、中型客机上一个重要的、不可或缺的装置。

(六)燃气涡轮发动机的各个系统

燃气涡轮发动机的各主要机件是产生动力的核心，要使发动机能连续地正常工作，并能满足各种状态下的工作需要，还必须要有配套的各工作系统予以保障。燃气涡轮发动机的工作系统包括燃油系统、滑油系统、空气系统、排气系统、指示系统、启动和点火系统等。

燃油系统：飞机在不同飞行阶段(滑行、起飞、爬升、巡航、下降、着陆等)需要不同的推力(或功率)，对应着发动机不同的工作状态，也就是说需要供给发动机不同流量的燃油。发动机燃油系统的功用就是保证在各种工作状态下将清洁的、无蒸汽的、经过增压的、计量好的燃油连续地供给发动机。发动机燃油系统是从飞机燃油系统将燃油供到发动机的燃油泵开始，一直到燃油从燃烧室喷嘴喷出结束。发动机燃油系统分为低压部分和高压部分。在低压部分，从飞机燃油系统来的燃油通过油滤由低压燃油泵送至高压部分的燃油泵。高压部分的燃油泵把燃油加压后送到燃油控制装置，控制装置感受飞行高度和飞行速度的变化，来控制流向喷油嘴的燃油流量和压力，满足发动机不同工作状态时的燃油流量。

滑油系统：燃气涡轮发动机内的齿轮和轴承部分都需要润滑，滑油系统(见图

2–85)主要用来减少摩擦、降低磨损、冷却、清洁、防腐等，因为滑油可将相对运动的零件金属表面隔开，用流体内部摩擦代替金属摩擦。循环的滑油直接同运动部件接触，可吸收并带走热量，使发动机机件得到冷却。热滑油在滑油冷却器再将热量传给燃油或空气。滑油油膜覆盖金属表面将阻止氧接触金属，起到防腐的作用。滑油在发动机内循环流动过程中，将磨损的金属屑、灰尘、碳粒子、水分等杂质一起带走，到滑油滤处被阻挡住，从而起到清洁发动机的作用。滑油还在金属零件之间形成缓冲层，起隔震、密封作用。滑油系统主要由滑油箱、滑油泵、(供油泵和回油泵)、滑油滤、滑油散热器、滑油喷嘴等组成。滑油系统中的滑油滤需要定期清洗或更换，当滑油滤芯被堵塞时，油滤进出口压差增大，滑油旁通活门将打开，滑油就可以不经油滤直接流过。

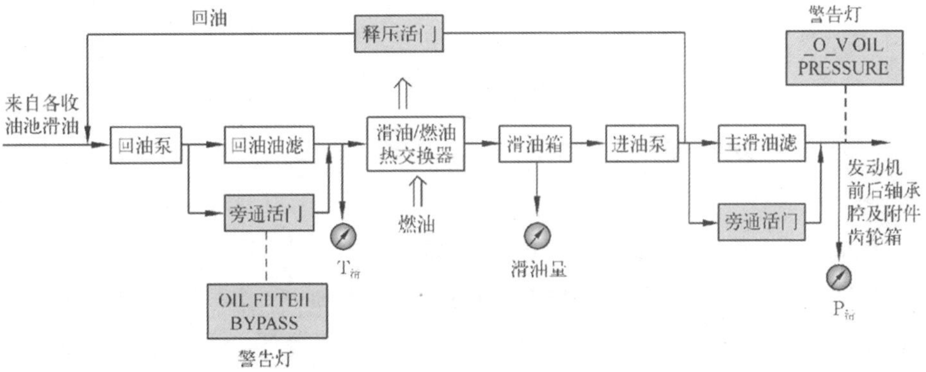

图2–85 滑油系统简图

空气系统：发动机的空气系统是那些对发动机推力的产生无直接影响的空气流。发动机工作时产生大量的热量，如果不进行冷却将会烧坏发动机。空气系统具有几项很重要的功能，这些功能包括：发动机内部部件和附件装置的冷却，如涡轮盘、涡轮导向叶片等，燃烧室也是靠外壁流过的冷却气流进行冷却。同时，空气流对轴承腔封严，防止压气机喘振，为飞机各个舱(如客舱、驾驶舱、货舱等)提供空调、增压引气，为飞机的机翼防冰提供引气。空气流从风扇、压气机的中间级和高压级引出，以不同的温度和压力满足特定的功能要求。

排气系统：排气系统是将流过发动机的气体以一定的速度和预定的方向排入大气，提供飞机所需要的推力。排气系统主要包括涡轮排气装置、反推装置和消声装置。涡轮排气装置的主要部件是排气喷管和排气锥体，为流过发动机的气体提供一个出口，这个出口增加排气的速度，从而增大发动机的推力。反推装置主要用于飞机着陆后，减低飞机速度，缩短滑跑距离。打开反推装置可使排出的气流偏转45° ~60° ，使发动机产生一定的反向推力。在高涵道比涡扇发动机上，反推力是将流过风扇的气流反向而实现的，这是因为发动机大部分推力是由风扇产生的，所以没必要将流过燃烧室的燃气流进行反向。纯涡轮喷气发动机和低涵道比发动机中，噪声的主要来源是尾喷气流，在喷管上采用有波纹形或瓣形和多管形的消声器，可有效地降低噪声。高涵道比的发动机中，主要噪声源是风扇和涡轮，吸音是一种非常有效的抑制噪声的技术。

指示系统：发动机指示系统的作用是使驾驶员能监控发动机的各种工作状态，有故障时可采取适当的措施。指示的发动机主要参数有发动机增压比、排气温度和高速涡轮转速，次要参数有推力、扭矩、燃油温度和压力、滑油温度和压力、燃油流量、振动等。每一项都由传感器把测量信号变成电信号传到驾驶员仪表板由相应的仪表显示。从20世纪60年代以来，由于电子技术的进步，现代飞机把这些数据都通过一个电子指示系统综合显示到一个或几个显示屏上。指示系统的报警部分用来提供发动机出现故障或存在危险情况时的指示和报警，如果某一项数据超限，就用声音(警铃或喇叭)、灯光向驾驶员报警。对于驾驶舱内装有发动机指示和机组告警系统(EICAS)，以及飞机电子中央监控系统(ECAM)的飞机，还能以文字的方式进行告警及显示相关的信息。

启动和点火系统：发动机从静止状态过渡到工作状态的过程称为启动(也称为“开车”)。启动系统的功能是使用外界动力带动发动机以一定速度转动，使发动机加速到稳定工作转速。发动机常用的启动方式有电动启动和空气启动。电动启动是使用直流电动机作动力，利用蓄电池或地面电源提供电能实施启动，多用于小型发动机和辅助动力装置的启动。空气启动是利用压缩空气吹动启动机涡轮高速旋转，带动发动机转子旋转进行启动。空气启动的气源来自地面气源、辅助动力装置或已经启动的其他发动机。因为空气涡轮启动机具有启动功率大、重量轻、结构简单、使用方便等优点，所以目前民用航空发动机大多采用的是空气启动。点火部分由电源、点火激励器、点火导线和火花塞组成。发动机启动时，首先应将压气机和涡轮带动旋转到一定的转速，这时适量的空气进入燃烧室同喷嘴喷出的燃油相混合，然后由装在燃烧室的火花塞将燃烧室中的燃油点燃。发动机启动期间这些系统必须按照一定的程序同时进行工作。

三、发动机的性能

发动机的性能主要包括发动机的动力性、燃油经济性、轻量化和环境指标等方面的内容。

动力性指标是发动机对外做功能力的指标。发动机最主要的作用是为飞机提供动力，它提供的动力有两种形式，如活塞式发动机、涡轮螺旋桨发动机、涡轮轴发动机，它们通过轴的旋转输出轴功率作为动力性指标，轴功率的单位用千瓦或马力。另外，对涡轮喷气发动机和涡轮风扇发动机，它们既是热机又是推进器，它们以推力的大小来表示动力性，推力的单位用千牛或磅(力)，也时常用到千克力这样的单位。

发动机的经济性指标用燃油消耗率来表示，产生单位推力(或功率)每小时所消耗的燃油质量为发动机的燃油消耗率。这个指标越低，说明飞机产生同样的推力或功率消耗的油量越少，也就是说用同样的燃料可以使发动机工作更长的时间、飞行更远的距离。燃料消耗率是飞机经济性的主要指标，在注重经济性的民航领域内，它是飞机制造商、航空公司选择发动机、选择飞机的一项重要的性能指标。

发动机的轻量化是要求发动机的重量要轻，重量轻的发动机可以把省下来的重量用来装负载或装燃油，从而加大飞机的运载能力或延长航程。在选择发动机时，一般要求发动机在保证足够大的功率而自重又尽可能地轻，衡量发动机功率大、重量轻的标准是“功率重量比”或“推重比”，即发动机所能提供的功率或推力与发动机自身重量之比值。“功率重量比”或“推重比”越大，表示在提供相同功率或推力的情况下，发动机越轻，目前先进的涡轮风扇发动机推重比达到 8 左右。

环境指标主要指发动机排气品质和噪声水平。由于它关系到人类的健康及人类赖以生存的环境，因此各国政府都制定出严格的控制法规，以期削减发动机排气和噪声对环境的污染。当前，排放指标和噪声水平已成为发动机的重要性能指标。排放指标主要是指从发动机油箱、曲轴箱排出的气体和从汽缸、喷管排出的废气中所含的有害排放物的量。

四、发动机在飞机上的安装

对于由螺旋桨推进的飞机发动机，绝大多数装在机身的前段和机翼上。只有一台带螺旋桨发动机的飞机，发动机大多装在机头部分，多台发动机的螺旋桨飞机，发动机都对称地安装在两侧的机翼上(见图2–86)。

图2–86 螺旋桨发动机安装

喷气推进的飞机的发动机安装布局从飞机外形上便可一目了然，主要有翼根发动机布局、翼吊发动机布局、尾吊发动机布局、翼吊尾吊综合布局安装形式。不同的安装位置也各有利弊。

翼根发动机布局是将发动机安装在机翼根部

的短舱内(见图2-87)。这种安装形式的优点是：发动机融合在机翼结构中，迎风面积最小，离机身轴线最近，一旦空中一台发动机停车，推力不对称造成的偏转力矩小，便于飞行员操纵。在喷气发动机推力和可靠性都不足的早期，这种布局是合理的。它的缺点是机身和机翼结构的完整性被破坏，以及客舱离发动机太近而导致噪声和振动太大，在客机上已经不用。

图2-87 翼根安装发动机

翼吊发动机布局是将发动机安装在机翼下的发动机吊舱中(见图2-88)，目前，翼下吊挂发动机已成为大型喷气式客机的主要安装型式。

翼吊布局的优点主要有：

第一，由于发动机的重力向下可以与机翼向上的部分升力抵消，使机翼以及机翼与机身连接处受力减小，结构重量减轻，这就是所谓的翼下发动机的“卸载”作用。

第二，由于发动机吊舱的前缘领先于机翼前缘，可以保证发动机进气道处在未受机翼影响的气流场中，不和机翼发生不利的交互作用，因此发动机的进气不受干扰。

第三，巡航飞行时阻力很小。

第四，因为发动机远离机身，又有机翼遮挡，噪声影响小。

第五，翼下吊挂发动机的离地高度较低，维修也比较容易。

第六，在空间容许的情况下，翼下发动机舱可以比较容易地在不同型号发动机之间更换，为飞机不断利用最新科技成果创造了条件，这对大型飞机尤其重要，容许飞机制造商在不同的发动机公司之间选择。

翼吊布局的缺点主要有：

第一，由于发动机远离机身轴线，飞行中如果有一台发动机停车，对飞机形成的偏转力矩大，飞机的方向控制比较困难。

第二，发动机离地面近，容易吸入地面杂物，损坏发动机，造成危险。

尾吊发动机布局是将发动机安装在机身尾部外侧的挂舱内，这样发动机既远离乘客又紧靠机身，尾吊布局被麦道飞机和一些支线客机广泛采用(见图2-89)。它的优点是：客舱内的噪声小；单发停车时偏转力矩小；机翼设计简单容易；可以安装奇数个发动机。尾吊布局的缺点是：和翼吊布局比结构重量较大；由于机身的一部分被占用，因而机身长度长；机尾发动机占去了平尾的地方，并且发动机喷气流也容易影响到平尾，一般要求采用高平尾，这样垂尾的结构就需要加强，平尾的控制机构需要通过垂尾内部，复杂性和重量都有所增加；飞机的重心靠后，因而导致机翼后移。

图2-88 翼吊布局

图2-89 尾吊布局

图2-90 混合布局

翼吊尾吊综合布局(混合布局)：机翼和机尾发动机布局也可以混合，翼下吊挂两台发动机，垂尾翼根或机尾机身内再安排第三台发动机(见图2-90)。混合布局的特点介于翼吊和尾吊布局之间。DC-10及其后继者MD-11就是翼下加机尾混合三发，具有翼下发动机容易维修和减轻机翼受力的优点，还具有机尾发动机布置在垂尾翼根、气动损失小的优点，也具有机尾发动机不易更换、尾翼结构重量和复杂性增加的缺点。DC-10和MD-11这两种型号飞机尾部发动机还略微向下倾斜，可以提供一点直接升力，降低对机翼的升力要求。

第五节
飞机的神经系统——航空仪表

众所周知，飞机是目前最快捷的交通运输工具，但很多乘客上了飞机，在飞行中根本感觉不到飞机的速度，望向窗外，飞机好似一动不动地悬在空中。往下看，只觉得飞机有一定高度，具体有多高也看不出来，在高度较低时，和周围的障碍物比较，还往往产生视觉偏差，错误地判断高度。如果在夜间或在云中飞行，飞机的姿态也不好判断……而飞机的飞行速度、高度、姿态、航向等又与保障飞行安全和任务的完成密切相关，飞行员就必须借助一些设施来判断飞机的各种运动参数，这些设施我们称为航空仪表。

航空仪表的作用是感知外部情况，为飞行员提供飞行参数和飞机上各系统工作情况信息，为飞行员操纵飞机提供依据，同时又反映飞机对飞行员操纵作出反应的结果，帮助飞行员实施精确操纵，是飞机的“神经系统”。

航空仪表随着飞机的发展而发展。早期的飞机上仪表非常简单，莱特兄弟的“飞行者一号”上面只有一块秒表、一个风速表和发动机转速表。之后，飞机使用的仪表也非常简陋，并且这些仪表还是使用的地面机械设备上的仪表，没有航空专用仪表，人们只能依靠肉眼观察，在气象条件许可的情况下进行目视飞行。

第一次世界大战促进了飞机的发展，也促进了航空仪表的发展。在战争期间出现了航空专用仪表，1916年，英国皇家空军的S.E.5型飞机已安装有4种发动机仪表和3种飞行仪表。1927年，美国人林白驾机成功飞越大西洋，成就了人类第一次跨洋飞行，他的飞机上已经装备了罗盘、倾斜和俯仰角指示器、转弯仪等仪表。1929年9月，美国人杜立特凭借航空仪表和无线电导航设备完成了人类的首次仪表飞行，开创了航空仪表发展的新阶段。

图2-91　A-380驾驶舱

从20世纪30年代开始，许多飞机都安装了较完备的航空仪表，飞行员完全可以凭借仪表进行夜间和云中飞行，使飞行对天气的依赖程度大大降低。第二次世界大战期间，出现了综合仪表，将以前几个仪表指示的数据用一个仪表显示出来，使飞机仪表板布置更加简洁，飞行员注意力分配更方便。20世纪六七十年代，随着电子技术、微电子技术的发展，机载计算机得到了广泛应用，航空仪表也朝数字化、小型化、综合化方向发展，让航空仪表进入了一个新的发展阶段。这期间出现了电子综合显示仪，将常用的飞行信息用一块平视显示器显示出来，使飞机驾驶舱仪表板更加简洁(见图2-91)。

航空仪表按作用可分为飞行仪表、导航仪表、发动机仪表和系统状态仪表4大类，本节主要介绍指示飞机运动参数的飞行仪表和用于导航的导航仪表。飞行仪表和导航仪表都经历了机械式仪表到电子综合仪表的发展历程，导航仪表还使用了很多无线电技术，但无论现在的电子综合仪表多么直观方便，其指示信息的来源和采集方式都和机械式仪表完全一样。为便于理解仪表指示原理，本节主要介绍机械式仪表。

机械式仪表可分成根据气压指示的气压式仪表、依靠陀螺指示的陀螺仪表和依靠磁场指示的航向仪表三大类。

一、气压式仪表

气压式仪表利用飞机在飞行中测得的气压数据来指示飞行参数，它的核心部分是一个金属膜盒，根据气压的变化，这个金属膜盒会膨胀或收缩，带动指针在仪表上指示出相应的数据。常用的气压式仪表有高度表、空速表和升降速度表。

(一)高度表

飞机上的高度表主要有气压式高度表和无线电高度表两种，通常所说的高度表是指气压式高度表(见图2-92)，无线电高度表将在后面介绍。

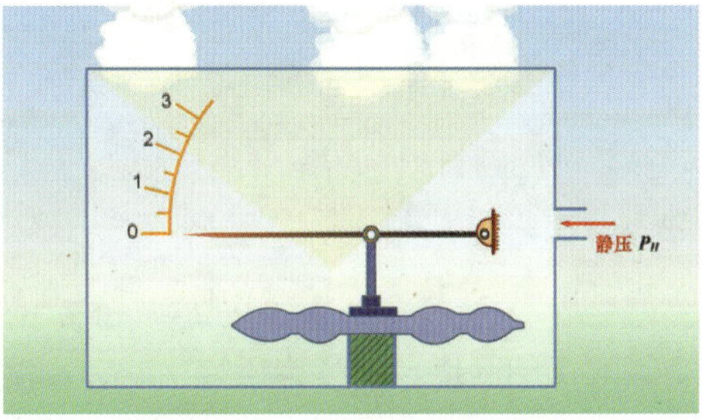

图2-92 气压式高度表原理

高度表是根据大气压随高度上升呈线性下降的原理来指示高度的，只要测出某一高度的气压值，就可以换算出高度值。高度表内有一个密闭的金属膜盒，膜盒外通大气压(静压)。当飞机高度升高时，外界气压降低，金属膜盒膨胀，推动指针向上指，刻度盘上按一定的比例刻上数值，指示出来的读数就是飞机的高度。飞机降低高度时，与外界连通的金属膜盒外的气压升高，金属膜盒将被压缩，带动指针往回指，指示出的读数降低。高度通常以米或英尺为单位。

常用的高度表一般有内外两圈刻度，有些类似于时钟的两根指针——时针与分针。短针指示内圈刻度，每一格表示1000米或英尺；长针指示外圈刻度，每个数字表示100米或英尺。表盘下方有一个调节旋钮，可以调节指针旋转，用于在起飞前将高

图2-93　高度表

度表“调零”、在飞行中调整到不同的基准面等(见图2-93)。

平时所说的高度，是指飞机所在的水平面与预先选定的基准面(参照物)之间的高度差，如果选择的基准面不同，飞机在同一个水平面上所得到的高度值也不相同。飞行中常用的高度有：相对高度、绝对高度、真实高度、标准气压高度。它们之间的关系如图2-94所示。

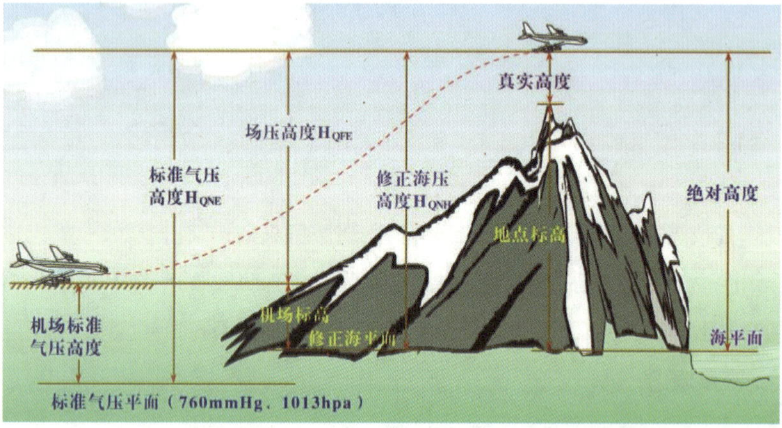

图2-94　飞行高度

相对高度通常指飞机相对于机场(起飞机场、着陆机场)地面之间的高度。飞机起飞、着陆时飞行员就是根据相对高度操纵飞机。在起飞前，飞行员通过调节旋钮将高度表指针调到“零”，起飞后指示的就是相对高度。高度表上还有个气压窗口，上面所显示的气压值(mmHg或inHg)就是基准面气压值，指针指示的就是飞机相对于这个基准面的高度，调节旋钮转动时，高度表指针和气压值都会相应变化。飞机着陆前，飞行员根据着陆机场通报的场压(机场表面气压)值，调整调节旋钮，将气压窗口示数调为该场压值，指针指示的读数就是飞机距着陆机场表面的高度。

绝对高度是指飞机相对于海平面的高度。绝对高度在理论上最为实用，参照绝对高度飞行，只要飞机高度超过最高障碍物标高，就不会和障碍物发生碰撞。但实际应用中由于海平面气压并不是一成不变的，高度表也有一定的误差，绝对高度用起来并不是很方便。

真实高度是指飞机和下方地面之间的垂直距离，飞行中，在任何情况下都必须保证有一定的真实高度，飞行安全才有保证。

图2-95 空速管

标准气压高度是指飞机相对于标准气压面之间的高度。从前面的章节中我们已经知道标准大气压是人为规定、一成不变的，即这个参照面是固定的。在航行中，为确保飞机不与其他航空器发生接近和相撞危险，相向飞行的飞机都按照航行规则的要求选择高度层，保持一定的高度差。如果相向飞行的飞机没有选择相同的参照面，这个高度差也得不到保证。如果采用绝对高度，统一以海平面为参照面，这个高度差就能得到保证，但海平面气压并非一成不变，而高度表又是按气压指示的，因此，绝对高度并不适用。只有标准气压高的参照面是不变的，这个高度才适用于保持航行高度。因此，飞行员在执行飞行任务时，起飞前将高度表“调零”，使用起飞机场的相对高度；上升到一定高度加入航线时，调整高度表气压值到标准大气压(760 mmHg)，使用标准气压高；着陆前再根据机场通报的场压，调整高度表，使用相对于着陆机场的相对高度。

(二)空速表

空速表用于指示飞机的飞行速度。飞行速度的大小对飞机的升力、阻力特性有很大影响，飞行中判断应飞时间也必须参考飞行速度，因此在飞行中飞行员必须准确掌握飞机速度。飞机在空中飞行，不能像地面车辆那样通过车轮的转速来显示速度，只能通过别的方法来采集与速度有关的信息。从产生升力的原因可知，空气的速度和压力有关，动压的决定因素就是速度，只要测出动压，就知道了飞机的速度。如何获得动压呢?从伯努利方程$P_0=P+\rho v^2$可知，动压是全压与静压之差，只要测出了全压和静压值，就可得到动压。飞机上采用空速管来测全压与静压，大部分飞机的空速管安装在飞机机头最前端或机翼翼尖前方(见图2-95)。空速管前端开有一孔，称为“全压孔”，空速管周围开有一圈小孔称为“静压孔”(见图2-96)。飞行中，和飞机速度大小相等、方向相反的相对气流经全压孔流入空速管，在空速管前端的全压室受阻速度减小为零，压力升高到全压值。由于空速管与相对气流基本平行，空速管周围的静压孔感受到则的是与流速无关的静压。全压和静压通过相应的接头引出，高度表金属膜盒外连接的大气压，就是从空速管静压接头处接入的。为了防止气温低时空气中的水蒸气结冰堵住全压孔、静压孔，空速管内还设有用于加温除冰的加温电阻和排水孔。

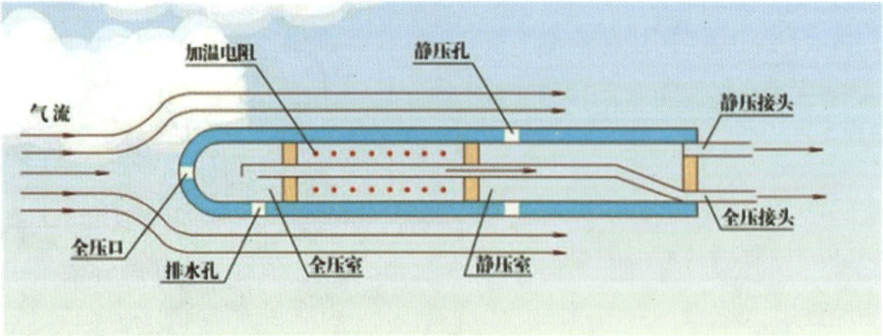

图2-96　空速管结构

空速表结构与高度表略有不同，只是将高度表中闭合的金属膜盒内连接了从空速管采集来的全压，金属膜盒外仍连接静压，膜盒内外的压力差就是动压。飞行速度增大，动压增大，膜盒就会膨胀，推动指针上指；飞行速度减小，动压减小，膜盒收缩，带动指针下指(见图2-97)。按一定比例刻上刻度盘，就做成了空速表，指针就可以指示飞行速度了(见图2-98)。

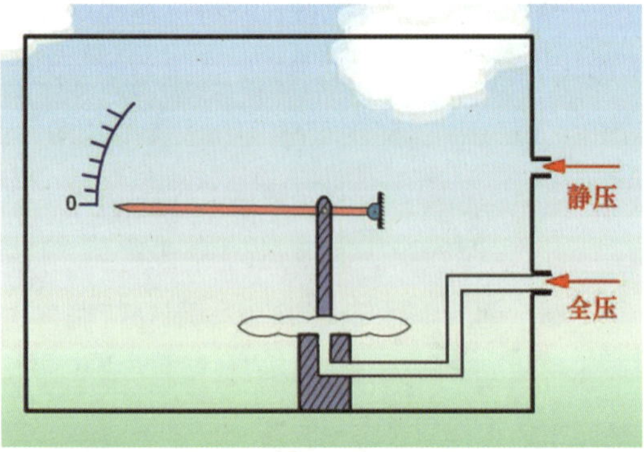

图2-97　空速表原理

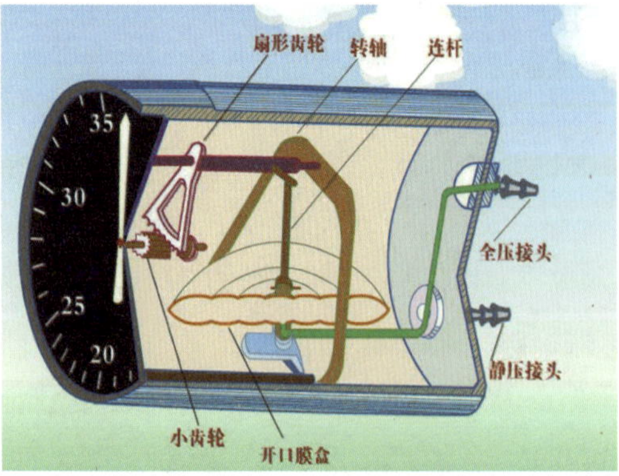

图2-98　空速表结构

但是刻空速表表盘的比例却不好掌握，因为膜盒测得的是动压，动压不仅仅与速度有关，还与空气密度有关，空气密度随高度的变化也要发生变化，即使高度不变，空气密度也并非一成不变。在刻空速表表盘时，选择的是海平面标准大气的密度，因此空速表指示出来的速度值并不一定和实际飞行速度一致。飞机相对于空气的运动速度叫真空速，也叫真速、空速、速度；空速表指示的速度值叫指示空速，也叫表速。表速和真速的差异是由空气密度不同造成的，可以根据空气密度随高度变化的规律，将不同高度的表速换算成真速。

飞机在空中除了相对于空气运动，还会随空气一起运动，有风的情况下，就会造成相对于空气的速度大小和方向与相对于地面的速度不同。

飞机相对于地面的运动速度叫做地速。航线飞机从事航空运输，目的是将人或货物从地面某处运往地面另一处，因此在飞行中还须掌握飞机的地速。在操纵飞机时将表速换算成真速后，还需根据风力风向换算成地速。具体方法将在导航方法中介绍。

相关链接

空气流过飞机表面，速度大小和方向都将发生变化，导致压力发生变化。为了气压式仪表的指示数值能够反映飞行的真实情况，空速管必须采集未受到机体干扰的气流压力。因此，空速管普遍安装在机头最前端或者翼尖前方，使气流还未受到飞机体干扰时，就流进空速管的全压孔和静压孔。

图2-99　小型飞机的全压孔、静压孔

机体对气流速度和压力的影响，随飞行速度的增大越来越明显，速度越大的飞机空速管就必须越长、离开机体越远，以避免受到干扰。而一些小型飞机由于速度很低，气流受机体的影响小，为了使空速管结构简单，只在机翼下方安装一只较短的全压管，静压则是在机身侧面开孔采集(见图2-99)。更简单的甚至就在机头前端开一个小孔作全压孔，静压部分就直接和座舱内部相通。

(三)升降速度表

升降速度表(见图2-100)指示的是飞机单位时间内上升或下降的高度，又叫上升率或下降率。指针往上指表示飞机上升，数值就是上升率(m/s或ft/min)；指针往下指表示飞机下降，数值就是下降率。

升降速度表结构类似空速表，不同的是金属膜盒内外都通静压，只是膜盒内部直接与静压相通，膜盒外部通过毛细管与静压相连。当飞机上升时静压降低，膜盒内的气压与空速管采集的静压同步降低，膜盒外部因毛细管的阻碍，气压降低会滞后，膜盒内外就有了压力差，使膜盒收缩，带动指针指示上升率；反之，飞机下降高度，膜盒内气压及时升高，膜盒外气压升高滞后，产生压力差使膜盒膨胀，带动指针指示下降率。飞机高度不再变化后，膜盒内外的气压逐渐平衡，指针恢复指零(见图2-101)。

图2-100　升降速度表

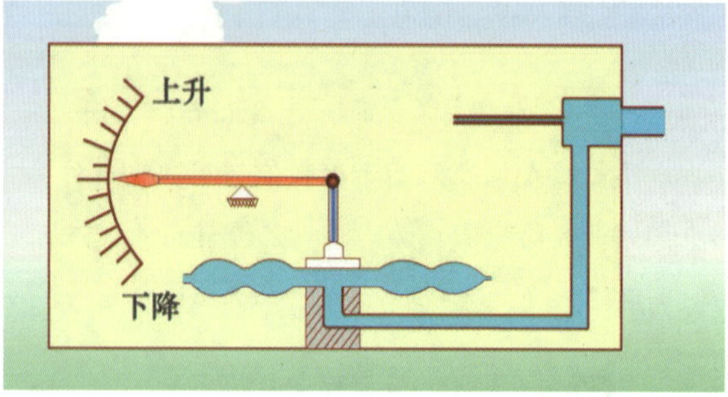

图2-101　升降速度表原理

小贴士▼

机动性强的战斗机在跃升时，上升率过大会使指针转到“下降”部分，俯冲时也可能转到“上升”部分。

二、陀螺仪表

(一)地平仪(姿态指示仪)

飞机的姿态是指飞机机体三条轴或飞机对称面与水平面的角度关系，包括俯仰、倾斜等，飞行员必须掌握飞机的姿态才能正确实施操纵。能见度好时，飞行员可通过飞机与天地线(地平线)之间的关系位置来判断飞机姿态，如果飞机在云中、夜间或是能见度较差的条件下飞行，飞行员不能通过目视判断飞机姿态，就需要参考仪表来判断。

指示飞机姿态的仪表叫地平仪，是所有航空仪表中最重要的仪表。为了正确反映飞机姿态，地平仪必需模拟出一条天地线——人工地平线，将飞机的各轴或对称面与这条人工地平线比较，显示出飞机的姿态。真实的天地线是不会发生倾斜的，而地平仪安装在飞机上，将会随飞机一起运动，地平仪里的人工地平线也随飞机一起运动。要让地平仪指示准确的关键，就是要让人工地平线在任何情况下都不发生倾斜。为达到这一目的，地平仪里采用了陀螺。

绕支点或转轴高速旋转的物体称为陀螺，陀螺具有进动性和定轴性的特性，在地平仪中主要利用陀螺的定轴性(见图2-102)。陀螺玩具是大家都比较熟悉的，陀螺玩具在斜坡上的情形就显示出了陀螺的定轴性，在斜坡上的陀螺转轴方向与在平面上一致，即无论坡道如何倾斜，转轴的方向都是固定不变的。

图2-102　陀螺的定轴性

地平仪利用陀螺的定轴性，将人工地平线固定在陀螺上，这条线就不随飞机的姿态改变而改变方向了，和飞机的三条轴、对称面对比，就能指示出飞机的各种姿态。地平仪原理简单、结构复杂。

地平仪指示原理简单，可通过图2–103来了解。地平仪的核心是在陀螺外套一只环形刻度盘，刻度盘的上半圈涂成棕色表示大地，下半圈涂成蓝色表示天空，天地交接处就是人工地平线，垂直于人工地平线刻上一条人工子午线。以人工地平线为基准，沿着人工子午线将环形刻度盘分成360°，正对地平仪表面的前半圆上下各90°，背面也一样上下各90°，并刻上相应的数值。地平仪的外壳上画有一架可上下调节的小飞机，小飞机下方左右分别刻上指示坡度的角度数值。当飞机平飞时，地平仪上的小飞机在人工地平线上，人工子午线正对下方的三角指标(见图2–104)。飞行中，无论飞机姿态如何变化，地平仪内的环形刻度盘都在陀螺的固定下，人工地平线始终与天地线平行，人工子午线始终与天地线垂直。例如，飞机向左倾斜，地平仪外壳随飞机一起倾斜，从飞行员的角度就看到环形刻度盘在向右转，人工子午线下端向左转，指示到相应的数值就是飞机坡度。再如机头上仰，地平仪外壳随飞机上仰，在飞行员位置上看，环形刻度盘向上转，小飞机指示蓝色部分，表示机头对向天空，小飞机对应的角度就是飞机的仰角。无论飞机做多么剧烈的运动，姿态都能通过地平仪准确反映出来。

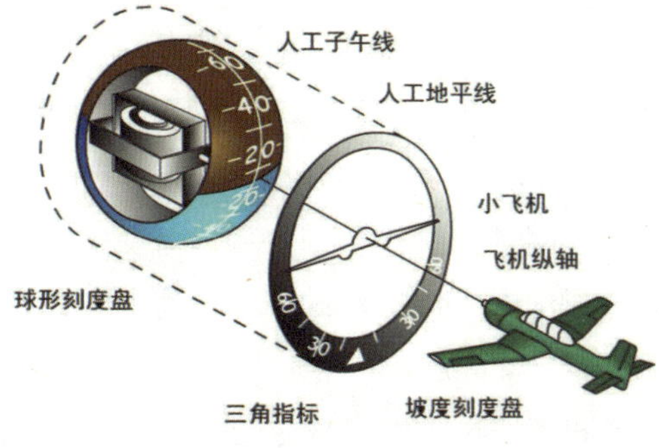

图2–103　地平仪原理

图2–104　地平仪

如果说地平仪结构复杂，那是因为它要随飞机一起运动，飞机姿态改变就会造成陀螺相对于地平仪外壳产生转动，必须要完全保证这种相对转动不受到任何阻滞才能准确指示飞机状态，也就是说，地平仪的复杂之处是：在任何状态下，都要保证陀螺完全能够自由转动。

这样的地平仪指示原理简单易懂，任何复杂的姿态都能指示，但地平仪上方是棕色的大地，下方是蓝色的天空，不够直观，因此主要用于战斗机。民用飞机和军用的运输机、轰炸机等不做剧烈的特技动作，空中姿态变化小，为了显示直观，通常是用上蓝下棕的地平仪，上仰和下俯是通过地平仪内部的人工地平线在表盘上移动来显示，左右倾斜是靠表盘上的小飞机倾斜指示出来。这样的地平仪指示原理和前面所讲的一样，但结构更为复杂，不过指示更加直观(见图2-105)。

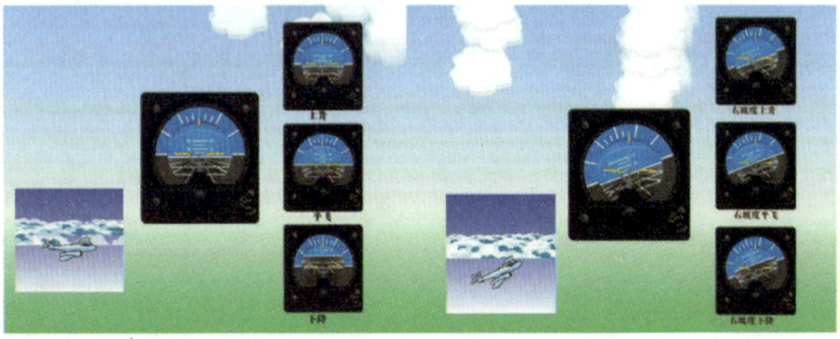

图2-105　民用飞机地平仪指示

(二)协调转弯仪(转弯侧滑仪)

协调转弯仪由指示转弯的指针或小飞机(转弯仪)和指示侧滑的小球(侧滑仪)两部分组成，飞行员常形象地称之为“针球仪”(见图2-106)。协调转弯就是指飞机不带侧滑的转弯，要求飞行员在操纵飞机转弯时手脚要协调一致。

转弯仪内有一个陀螺，主要是利用陀螺的进动性特点来工作。表面如果是指针，陀螺转轴就是与指针垂直的，表面如果是小飞机，陀螺转轴与飞机机翼方向平行(见图2-107)。陀螺内框和指针(或小飞机)连在一起，外框连接仪表壳，内框轴与飞机机体纵轴有一定夹角(一般是30°)。当飞机倾斜或偏转运动时，陀螺转轴就会受到转弯带来的外来力矩，这个力矩的反作用力矩作用在内框上，使内框带动指针(或小飞机)转动，指示出转弯角速度。

在航线飞行中，空中交通管制要求转弯要使用规定的转弯角速度，这个角速度为每秒3° (盘旋一圈2分钟)，转弯仪上的刻度标志就是这个角速度。在转弯中，只要指针向转弯方向偏斜到刻度上或是小飞机倾斜机翼指到刻度，飞机就是以标准转弯角速度在转弯。

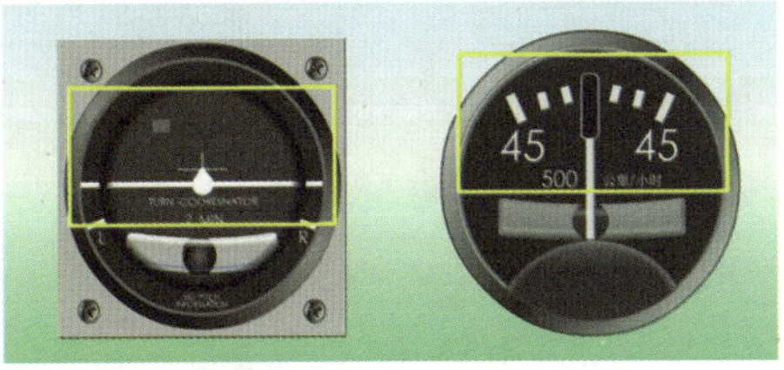

图2-106 协调转弯仪

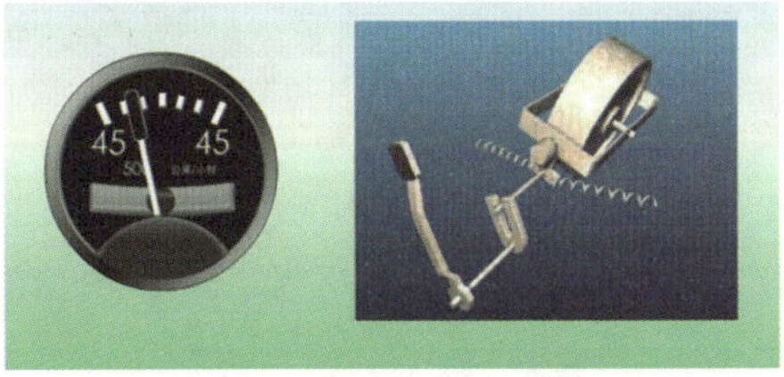

图2-107 转弯仪原理

侧滑仪是一个密封的弯管，管内充满用于润滑的液体和一个小球。当飞机平飞时，由于重力的作用，小球处在弯管中最下方位置，也就是中央位置。飞机转弯时，如果不带侧滑(协调转弯)，飞机倾斜使弯管倾斜，小球重力的分力和离心力大小相等，小球就仍处在中央位置。如果操纵不协调，飞机带侧滑转弯，小球重力的分力和离心力大小不等，小球就会偏向侧滑的方向，飞行员可根据小球的指示操纵飞机协调转弯。大多数地平仪下方也有一个侧滑仪。

三、航向仪表

航向仪表用于飞机在飞行中指示航向，是帮助飞行员按预定航线飞往目的地的仪表。

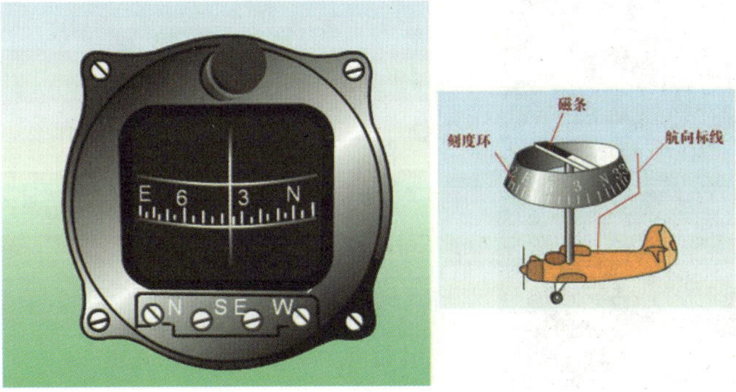

图2-108 磁罗盘

(一)磁罗盘

磁罗盘源自我国古人的四大发明之一——指南针。磁针两端能够指向地磁南北两极，磁罗盘就是将一根磁针固定在圆形刻度环上，再将此带有磁针的刻度环放入罗盘表盒内，为了让刻度环能自由转动，在表盒内加有液体使刻度环漂浮起来。刻度以正北为起点，顺时针方向将刻度环360等分，正北为0°，以N表示；正东为90°，以E表示；正南为180°，以S表示；正西为270°，以W表示。由于刻度环尺寸有限，罗盘一般都每隔30° 标一数字，此数字为航向的1/10(还是空间有限，少刻一个位数)，磁罗盘表盘面上刻有一条基准线，飞行中此线正对的数字就是飞机航向(见图2-108)。

飞机转弯中，罗盘随飞机一起转弯，由于磁针固定指向地磁南北极，将带动刻度环转动，飞行员就会看到罗盘里的刻度环在转动，还能看到跟着流动的液体，飞行员形象地将磁罗盘称为“水罗盘”。

(二)陀螺磁罗盘

飞行中最需要参考罗盘操纵飞机是在转弯的时候，以便准确判断改出转弯的时机。而飞机转弯时带有坡度，罗盘中的磁针会发生倾斜，不能准确指示方向，飞机转弯的加速度也会导致罗盘指示不准。为了解决这一问题，人们又想到了陀螺的定轴性，它不受飞机转弯时加速度的影响，可以迅速准确地指示飞机转弯的角度，便于掌握改出转弯的时机。但陀螺仪不能主动指示方向，把罗盘和陀螺结合起来，制成陀螺磁罗盘，就能很好地解决这一问题。

小贴士▼

地磁极与地理极不完全重合，就造成罗盘指示的方向有一定的偏差，这个偏差叫磁差。

陀螺磁罗盘表面由刻度盘和小飞机组成，小飞机机头指示的方向就是飞机的航向。罗盘下方有一个航向调整钮，可将任意刻度调到表盘上方的刻度线上，如图2-109中最上方就不是0° (N)而是162° 。飞行中将要较长时间保持的航向调到最上方，小飞机指向最上方的刻度线，就表示航向保持准确；小飞机指向刻度线左侧，就表示飞机的航向比预定的航向小，偏向预定航线的左侧，需要向右转弯修正；同理，小飞机指向刻度线右侧，表示飞机航向偏向预定航线右侧，需要向左转弯修正。这样就使陀螺磁罗盘使用起来非常直观、方便。

图2-109　陀螺磁罗盘

在平飞时，陀螺磁罗盘根据磁针的指示来显示数据，转弯时由于磁针指示不准确，就由陀螺带动罗盘指示(见图2-110)。陀螺受轴承摩擦的影响会发生航向飘移，时间长、飘移量大会造成读数不准。为避免指示错误，罗盘中有修正装置，根据磁针的指示来修正罗盘，修正速度一般是每分钟4° ，大于陀螺的飘移速度，正常飞行过程中能保证罗盘指示准确。飞机转弯、做机动飞行时，磁针指示不准确，尽管修正装置也在按不准确的磁针方向来修正，但修正速度慢，影响可以忽略不计。较长时间剧烈的机动飞行后，陀螺的误差可能会积累到较大数值，靠罗盘自身修正需很长时间，罗盘上设置有快速协调按钮，飞行员在飞机平飞一段时间、磁针指示准确后，按下此按钮，罗盘以20° /s的速度协调到和磁针方向一致。

由于陀螺磁罗盘中的陀螺需要通电运转，飞行员形象地把陀螺磁罗盘称为“电罗盘”。

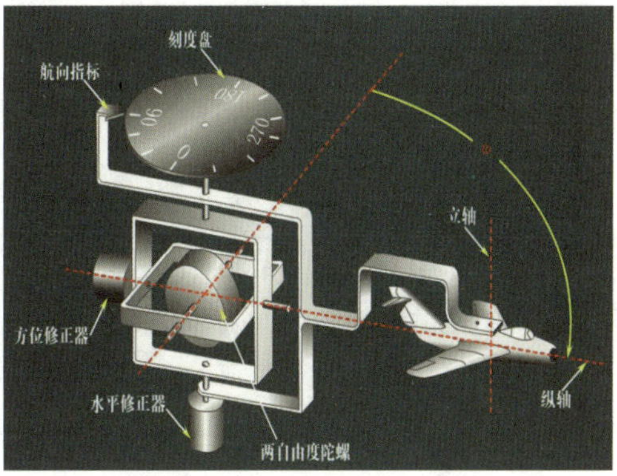

图2-110 陀螺磁罗盘原理

(三)飞机仪表板的基准T

飞行中地平仪(姿态指示仪)显示出飞机的姿态，空速表、高度表分别指示飞行速度和飞行高度，罗盘指示出飞行方向，这些基本信息是飞行中最重要的参数。在飞行中，飞行员要迅速得到并处理许多信息，仪表板上的布局如果能让飞行员很方便地获取最重要的信息，缩短飞行员获取信息的时间，对飞行安全尤为重要。因此，在仪表板布局中，将最重要的仪表按一定规律布置，逐渐形成了标准布局方式——基准T(basic T)：将具有“飞行仪表之王”之称的地平仪布置在仪表板第一排中央，其左右分别布置空速表、高度表，下方布置罗盘(通常是陀螺磁罗盘)，4个最重要的仪表构成一个“T”字形。

采用机械式仪表的飞机，如果仪表比较完善，都统一采用基准T布局，其他仪表的安放位置没有统一规定(见图2-111)。一些超轻型飞机，仪表很少很简单，甚至连地平仪都没有，更谈不上基准T了。

图2-111 基准T

四、无线电装置及仪表

(一)飞机上的无线电装置

从20世纪20年代开始，无线电开始在飞机上得到应用，主要用于和地面指挥员或与空中的其他飞机进行通话联系，后来又用于导航。到20世纪40年代，雷达被安装在飞机上，用于探测前方障碍物和危险天气等。无线电设备的应用，使飞机探知外界情况的能力大大加强，飞机不再是与外界无联系的“瞎子”和“聋子”了，能适应更复杂的飞行条件，降低了飞机对天气的依赖，提高了飞机的出勤率，改善了飞行安全状况。

现在飞机的无线电设备按功能可分为通信设备系统、导航设备系统和雷达系统三

图2-112 无线电罗盘

大部分。

无线电通信系统主要用于飞行中与地面指挥员或空中其他飞机进行双向语音对话和信号联系，还提供机组成员之间的语音联系、机组对客舱的联系等功能。无线电通信系统从结构上包括了甚高频通信系统、高频通信系统、选择呼叫系统和音频综合系统。

导航是指引导飞机按预定的航线、在规定的时间准确到达预定位置的方法。早期的导航主要利用航空地图依靠目视和机械式仪表进行，受天气和人为因素影响很大，安全性不高，气象条件不好就无法进行。无线电设施进入导航领域后，导航的精度和安全性大为提高，许多复杂气象条件也不再影响飞行了，现在飞机在一些设施先进的机场，已经可以在能见度50米的条件下完成起降。目前无线电导航已经是民航的主要导航方式，民用航线飞机上的无线电导航设备主要有：无线电罗盘系统、甚高频全向信标系统(VOR)、ILS仪表着陆系统(盲降系统)、无线电高度表、测距机等。

民用飞机的雷达系统主要包括气象雷达、应答机和空中警告及避撞系统。

(二)无线电罗盘

无线电罗盘(见图2-112)又叫无线电全罗盘，简称“全罗盘”。从“罗盘”这个名称上看，它应该是指示航向的仪表，但它又不能指示飞机纵轴相对于地磁北极的方向，与传统的罗盘有区别。由于指示的不是地理或地磁方向，表盘上的0°、90°、180°和270°也就不用北、东、南、西(N、E、S、W)表示，而是直接刻上相应的数字。

无线电罗盘指示的是地面导航台相对飞机的方位角，工作时需要地面无线电导航台(NDB)的配合才能工作。导航台通常设在机场跑道延长线上，发射出无方向电磁波作为导航信号。无线电罗盘的接收装置通过调谐接收到导航信号，测出飞机纵轴与电波来向间的夹角(电台相对方位角)，再用电气同步器将这个角度信号传送到指示器，指示出导航台相对飞机的方位角。

无线电罗盘指针指0°表示导航台在飞机正前方，指90°表示导航台在飞机正右方，指180°表示导航台在飞机正后方，指270°表示导航台在飞机正左方。通过无线电罗盘，飞行员可以很轻松地找到目标机场。

不同机场的导航台发射的电磁波频率不同，在距目标机场一定距离，飞行员要通过无线电罗盘的调谐装置进行调谐，接收到该机场的导航电磁波，罗盘才能正确指示。导航电磁波的频率覆盖了AM无线电广播频率，因此在距目标机场太远、无法收到导航信号时，有的飞行员利用AM广播来导航，也可飞到该城市上空(AM电台上空)。

小贴士▼

日本在轰炸珍珠港时就是接收当地的无线广播电台作为导航信号为机群导航的。

(三)无线电高度表

无线电高度表(见图2-113)是测量飞机到地面垂直距离的无线电装置，由发射、接收装置和显示器组成。工作原理是由发射装置向地面发射电磁波，碰到地面后电磁波被反射回来，接收装置接收到反射信号后，根据发射出去和接收到回波所用的时间差，计算出飞机到地面的高度(见图2-114)。

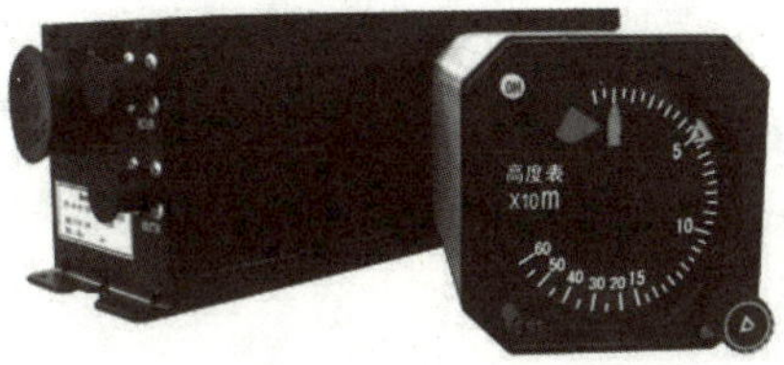

图2-113 无线电高度表

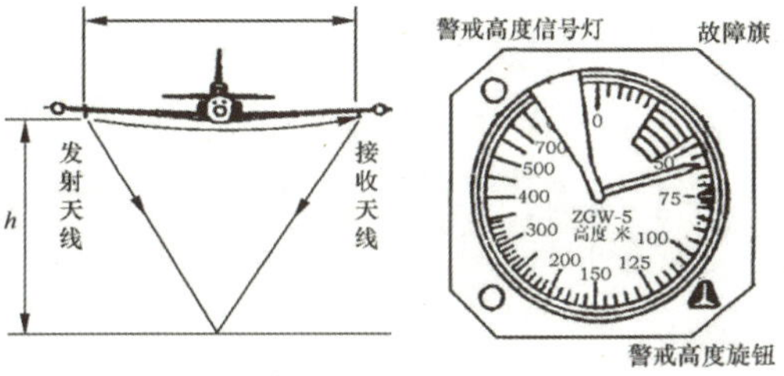

图2-114 无线电高度表原理

无线电高度表能较精确地指示出真实高度，在起飞和进近着陆时用得较多，但飞机带倾斜时会出现指示不准的情况，低空飞行时受地面建筑等的影响也较大。

目前，民航飞机使用的无线电高度表是测量范围在0~2500或0~5000英尺(1米=3.2808英尺)的低高度用表，高空使用的是气压式高度表。

五、电子综合仪表

在20世纪60年代后期，电子显示技术取得了很大进展，电子计算机也应用到航空仪表领域，催生了电子综合仪表，使得航空仪表发生了革命性的变化。高度发展的数字化、信息化、网络化技术，促进现代飞机都采用较大屏幕显示的综合飞行电子仪表系统。

目前世界主要的飞机综合航电仪表厂商有三家：霍尼韦尔公司(Honeywell)、罗克韦尔-柯林斯国际公司(Rockwell Collins)和美国高明公司(Garmin)。其中大中型飞机多采用霍尼韦尔公司的产品，中小型飞机多选用罗克韦尔-柯林斯国际公司的产品，轻型飞机广泛采用高明公司的产品。无论什么飞机，飞行员需要了解的基本信息

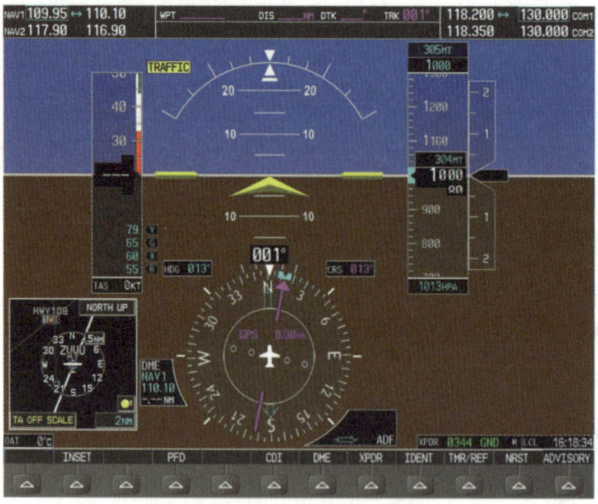

图2-115 Garmin2000电子综合仪表

都是一样的，因此无论哪家公司的产品，其主要性能都基本相同。

和常规仪表相比，电子综合仪表把各种相关数据综合处理后，在一个显示屏幕上显示出来，使飞机仪表数量大大减少，飞行员也能迅速获取所需要的信息。电子综合仪表显示屏主体是上蓝下棕的地平仪，左侧显示空速、右侧显示高度，下方显示航向，和基准T类似(见图2-115)。

电子综合仪表不仅显示了综合数据，还能通过分析给出指引信号和建议，让飞行员能按最佳方式操纵飞机。与飞行管理系统交联，还可以将大部分工作交由飞行管理计算机来完成，飞行员除起飞着陆外，大部分时间只需进行监控和管理，大大减少了人为差错，提高了飞行安全系数。

第六节 飞机的主要系统

飞机上为营造安全舒适的乘机环境、为用于操纵控制飞机等需要，设置了诸多系统，如操纵系统、燃油系统、防冰防雨系统、防火系统等。在本节里，主要介绍液压与气压系统、电气系统、环控系统与客舱设备。

一、飞机的液压与气压系统

现代飞机速度快、体积大，导致操纵各个操纵面、机上设施时所需的操纵力矩与操纵力都很大，仅凭飞行员人力是无法实施操纵的，操纵控制飞机就需要其他形式的辅助设施来传动。现在飞机的传动主要有电力传动、液压与气压传动。几乎所有航线飞机在操纵控制飞机方面都使用了液压系统，一些小型飞机则使用更为简单轻便的气压系统。液压和气压系统都具有体积小、重量轻、输出的力和力矩大、操纵效率几乎可达100%、稳定性好、安装维护方便等优点、液压系统被广泛应用于大型飞机各操纵面传动、起落架收放、飞机刹车、前轮转弯等，气压系统主要用于小型飞机和大型飞机上充当液压系统的备份。

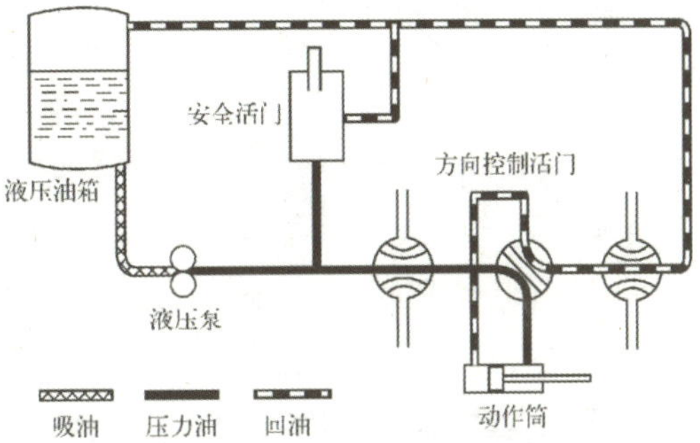

图2-116 基本液压系统

液压系统(见图2-116)由液压油箱、液压泵、蓄压器、油滤、阀门、开关和作动器等组成，是目前重量最轻的能量传递系统之一。液压系统的工作原理是帕斯卡原理：加在密闭液体上的压强，能够大小不变地向各个方向传递。液压系统就是利用液压泵将液压油加压，通过管道传递到作动器，驱动作动器执行动作。

液压油箱用于储存一定的液压油和回收管道内流入的低压液压油。液压油要求有一定黏性、化学性质稳定、对人体无害，目前常用染成淡紫色的磷酸酯基合成液作液压油，常称为“紫油”。

大型飞机上多采用柱塞式液压泵(见图2-117)。液压泵通常由发动机带动，在斜

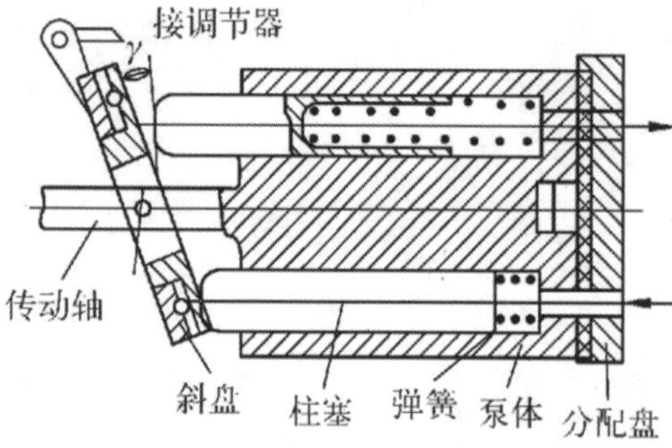

图2-117 柱塞式液压泵示意图

盘的作用下，柱塞转到上方时将油液从油箱内抽出，转到下方时将柱塞内的油液加压挤入管道，等待驱动作动器工作。大型航线飞机的液压系统压力可达20.7MPa(约205个标准大气压)。为防止液压泵故障时液压系统不工作，许多飞机除液压泵外，还设有手摇泵和冲压空气涡轮。冲压空气涡轮密封于机翼或机身内，当发动机和APU都故障时从机翼或机身内伸出，在相对气流的作用下转动，带动液压泵工作。

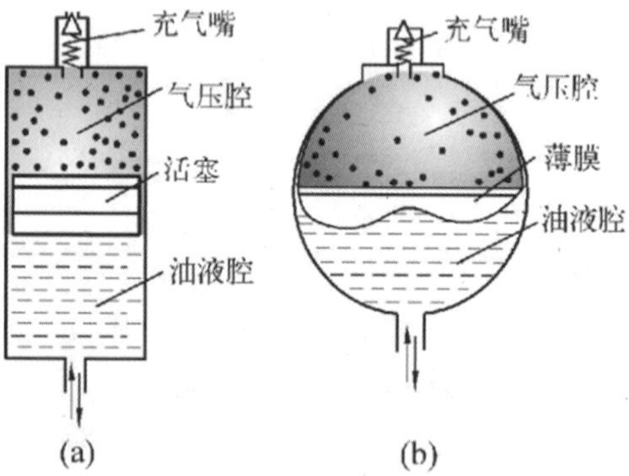

图2-118 蓄压器

蓄压器的作用有二：存储压力、稳定压力。常用的蓄压器有筒式和球式两种(见图2-118)。由于液体不可压缩，也就不能存储压力，一旦液压泵不工作，管道内的高压油液立即失去压力，液压系统也就不能工作。蓄压器利用气体的可压缩性来存储压力，蓄压器内部空间由活塞或隔膜分隔成两部分，一部分连接液压管道；另一部分填充高压气体(通常为氮气)。在管道内有高压时，油液压缩气体，使气体的压力也达到管道内的压力，一旦液压泵不工作，高压气体就对管道内的油液施压，使之具有高压，保证液压系统仍有一定的工作能力。蓄压器还具有稳定压力的作用，由于柱塞式液压泵给管道提升压力是不连续的、脉动的，在柱塞向管道挤入油液时压力很高，一旦转离管道，就没有施压了，蓄压器可以起到缓冲作用，使管道内油液的压力稳定，保证液压系统可靠工作。

液压系统管道内还安装有液压油滤(见图2-119)，将油液中的杂质滤除，确保输入作动器的油液洁净，不会堵塞和损坏作动器。现代飞机液压系统的油滤能够滤除几微米以上的微粒。

液压系统中的阀门用于压力控制和流量控制，用于压力控制的主要是安全阀，用于流量控制的主要是单向阀。安全阀的功用是释压，使管道内的压力保持在一定范围内，不至于过高损坏系统。在未使用液压时，液压泵也在工作，不停地加压会导致管道内压力过高而损坏系统，当压力达到一定值时，可以顶开安全阀，使部分油液流回油箱，达到释压的目的，保证系统压力稳定。单向阀的作用是控制油液只能向一个方

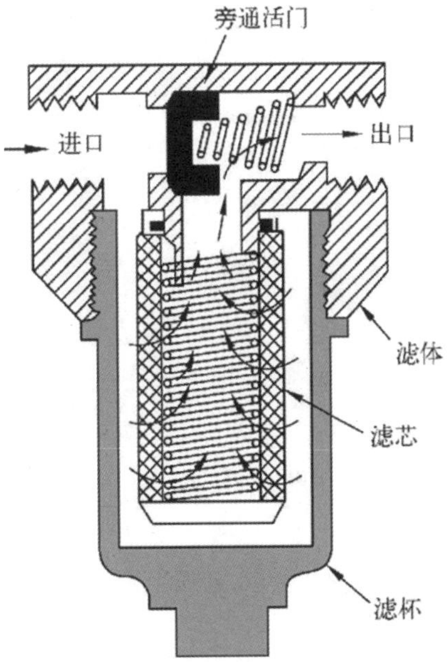

图2-119　液压油滤

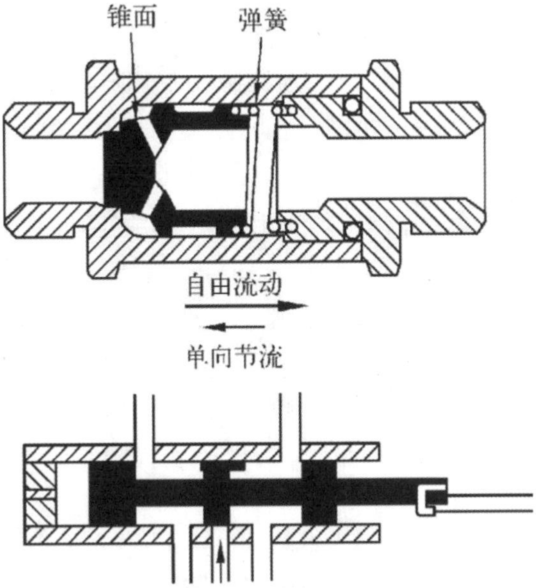

图2-120　方向控制活门

向流动，不能回流。

开关主要用于控制液压系统工作，最常见的是用于起落架和襟翼收放的双向控制活门。高压油液连接图2-120中带箭头的管道，控制活塞在图中位置时，油液不能流动，处于中立位置；向左推动控制活塞，油液将通过右侧上下两路管道流动，带动相应的作动器工作(有的活门只有一路输出)；向右推动控制活塞，油液将从左边管道流出，带动作动器工作。

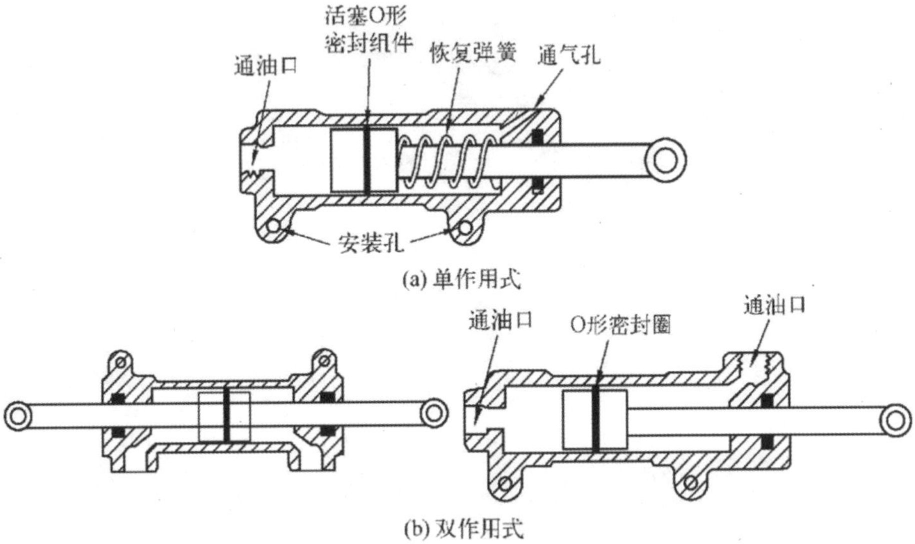

图2-121　两种型式的作动筒

作动器是液压系统中执行动作的部件，包括执行直线动作的作动筒和输出转动的液压马达。作动筒也叫动作筒，有单作用和双作用两种(见图2–121)，在高压油液从通油口流入后，会推动活塞运动，活塞上的连杆就会带动相应的部件工作。液压马达内部有叶轮，高压油液流过时会带动叶轮转动，可通过叶轮带动齿轮等部件执行相应的动作。

从某大型飞机的起落架和襟翼收放系统(见图2–122)可较全面地了解一下液压系统的工作过程。

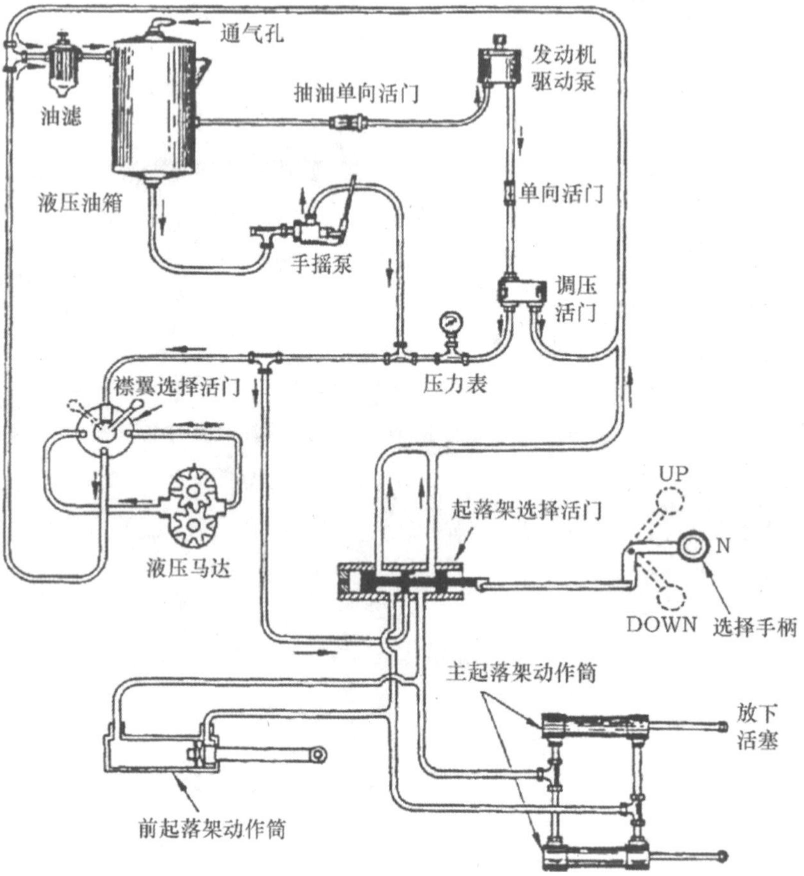

图2–122　起落架与襟翼收放系统

气压系统又叫冷气系统，与液压系统相似，只是由存储高压气体的冷气瓶代替了液压油箱，发动机带动冷气泵不断从大气中吸入空气，加压后送入冷气瓶储存，高压气体执行了动作之后就排放到大气中不再回收。由于气体的可压缩性影响，和液压系统相比，气压系统没有自锁功能，执行动作的准确性稍差；气体密度小、流动阻力小，传动动作更敏捷，但对执行机构的撞击大；不需要回收气体，系统结构简单、重量轻。

冷气系统一般只用于小型飞机或作为液压系统的备份(见图2-123)。

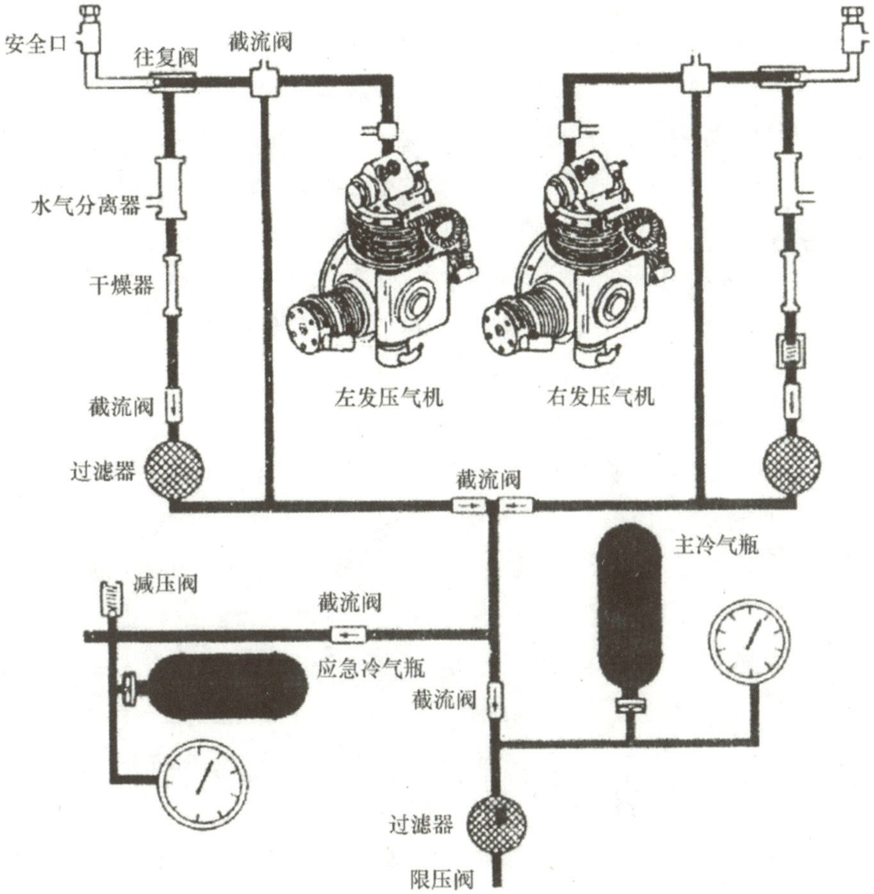

图2-123 气压系统示意图

二、电气系统

飞机的电气系统是指飞机上的供电和用电设备系统。早期飞机用电很少，仅用于无线电、照明和发动机启动等方面。由于电能易于传输、控制，现在绝大部分机载设备都用电作为能源。在飞机控制方面，电传操纵系统也广泛采用，随着电气技术的发展，未来还可能出现液压传动等都被电能取代的“全电飞机”，所有的操纵和转换都由电传送。从民用飞机提高服务质量的目的出发，飞机上也增加了越来越多的用电设备，如大范围的照明、客舱娱乐、厨房设施等。当前的大型飞机用电量高达几百千瓦，仅配电线路的重量就达几百千克，电气系统已成为飞机的一个主要工作系统。

电气系统包括电源系统、配电系统和用电设备，有的地方又把电源系统和配电系统合称“供电系统”。

(一)电源系统

飞机上用来产生电能的系统叫做飞机的电源系统，电源系统由主电源、辅助电源、应急电源和二次电源组成。主电源是指由飞机发动机带动的发电机，辅助电源是指APU带动的辅助发电机和机载蓄电池，应急发电机一般由飞机上的应急冲压空气涡轮带动，二次电源则是指将其他电源提供的电能经处理变换成另外规格(电压、频率、交直流变换等)、满足不同用电设备的电源。

一些小型飞机常用低压直流电源，电压为28V，直流电的优点是结构简单、配电系统简单、重量轻、直流电动机转速快扭矩大。直流发电机和直流电动机的结构完全相同，采用直流系统的飞机通常将发电机同时用做启动电机，发动机开车时由它带动发动机旋转，发动机正常工作后又由发动机带动发电机发电，可以省去一台启动电机的重量。但直流发电机也存在换向器易产生电火花、影响电子仪表工作，变压不方便，低压传送需要较粗的配电线路、增加配电系统重量等缺陷。小型飞机上这些弊端影响不大，大型飞机用电量大，这些缺陷就尤为突出，因此，大型飞机一般不采用直流电源系统。

大型飞机通常采用交流电源系统。早期的交流发电机是变频发电机，随着飞行中发动机转速改变，发电机转速也相应变化，造成交流电频率发生变化。频率变化后对电阻型用电设备没什么影响，对电子仪表、无线电等对频率要求高的用电设备影响很大，而在用电量较大时通过电子稳频很困难，因此变频发电机很快就被恒频发电机取代了。现在大型飞机上使用的都是带恒速传动装置的三相交流发电机，向系统提供120V/208V、400Hz的交流电，恒速传动装置无论发动机转速如何改变，都带动发电机以恒定的速度转动，使发电机提供的交流电频率恒定，满足用电设备的要求。与直流系统相比，交流发电机没有换向器，再大的电流也不产生电火花，不会对电子仪表、无线电等产生干扰;输送电压高，所需配电线路无须太粗，减轻了配电系统的重量;变直流、变压非常容易。同时交流系统也有一些缺点：首先是发电机不能作为启动电机使用，飞机必须单独配置启动设备，增加了结构重量;其次是交流电机的启动力矩和调速性远不如直流电机;最后是恒速传动装置结构复杂、价格昂贵，在使用中故障多、修复困难。目前使用的恒速传动装置多为液压马达驱动。

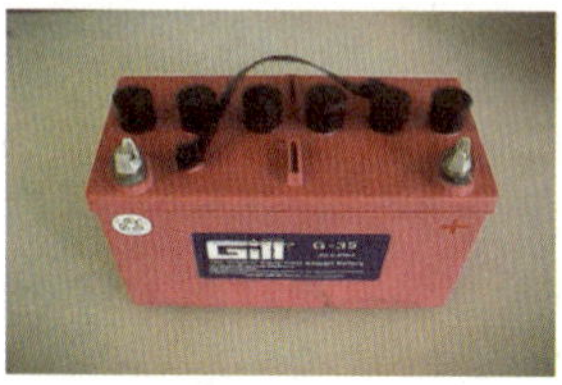

图2-124 航空蓄电池

APU带动的辅助发电机，在发动机开车前和停车后向飞机提供电能，满足座舱照明、电子设备等的用电需求。必要时，蓄电池也作为辅助电源向飞机提供电能，飞机上使用的蓄电池有3种：酸性铅蓄电池、碱性锌银蓄电池和碱性镍镉蓄电池，现代飞机上使用较多的是锌银蓄电池和镍镉蓄电池(见图2–124)。

理论上，任何设备都不敢保证绝对可靠，为了防止飞行过程中主电源故障使一些用电设备不能工作而危及飞行安全，飞机上都配备了应急冲压空气涡轮驱动的应急发电机，同时蓄电池也可作为应急电源，在紧急情况下为飞机提供电能。

小贴士▼

一些小型飞机无应急发电机，只能使用蓄电池作为应急电源，发电机断电的情况下，蓄电池能供电20分钟左右。

(二)配电系统

配电系统包括供电线路组成的电网、各种配电设备和检查设备等。

现代飞机的供电方式大多采用单线制供电，即“一线一地”：一根“火线”为用电器供电，取消回路“零线”，回路直接接到金属机体上。这样的供电方式，节省了大量导线，减轻了飞机结构重量。飞机上用电设备繁多，供电线路也很复杂，通常用不同颜色的导线将不同用电设备分开，便于检查维护。

配电系统除了导线，还有各种接头、开关、继电器和保险装置等。为保证各种接头接触可靠，通常采用机械压合、焊接和专用的接头等方式连接。保险装置通常用跳开开关和保险管。

(三)用电设备

根据用电方式不同，飞机上的用电设备主要有电子仪表、照明、加热、电动机几大类。

现代飞机电子仪表对电压和频率要求十分严格，对电压、频率的波动非常敏感，轻则使仪器仪表不能正常工作，重则损坏这些用电设备。

飞机上的照明设备可分为保障飞行安全用的外部照明和保证机组和乘客需要的内部照明。外部照明主要有航行灯、着陆灯、滑行灯、防撞灯和机翼检查灯等，内部照明主要是客舱照明，有白炽灯和荧光灯，大多数客机的内部照明都采用荧光灯。

小贴士▼

军用作战飞机座舱通常用紫外灯为仪表板照明，在执行任务时不易暴露目标。

航行灯分别安装在飞机左右翼尖和垂直尾翼顶部，颜色统一为左红、右绿、尾白，在夜间便于其他飞机和地面车辆判断飞机的相对位置和运行方向。要求飞行中无论白天还是夜晚，必须打开航行灯。

着陆灯和滑行灯安装在翼根和前起落架上，功率大、照射距离远，用于着陆和滑行过程中的照明。为防止机场灯光系统突然故障时危及飞行安全，要求夜间飞行必须打开着陆灯和滑行灯。大多数飞机着陆灯和滑行灯不但受驾驶舱内的开关控制，还和起落架联动，当打开开关后，起落架处于放下位置时灯亮，收上起落架后灯灭。

大型航线飞机至少装有3盏防撞灯，两盏白色的分别位于左右翼尖，一盏红色的位于机身上方或垂尾顶部，有的在机身下方也安装有红色防撞灯。防撞灯以每分钟90次闪烁，易于辨别，准备飞行或已经开始飞行的飞机必须打开防撞灯。

机翼检查灯安装在机身或发动机吊舱上，用于照亮机翼前缘，便于飞行员检查机翼是否结冰，以便采取防冰、除冰措施。

电加热主要用于防冰、除冰、食物处理方面。驾驶舱风挡玻璃和空速管的加温必须使用电热，厨房的食物加热、盥洗室的防冻也都用电加热，电加热是飞机上的用电大户，达到整个飞机用电量的50%以上。

飞机上还大量使用各种电动机，如发动机启动电机、各种舵面的操纵、起落架和襟翼的控制、座舱通风、陀螺仪表等。

三、环控系统

现代航线飞机的飞行高度大多在10000米左右，高空的大气条件是低温、低压、缺氧，人无法在这样的大气条件下生存。为了创造适宜人生存和舒适的条件，必须有一套系统对飞机上的生命活动区域(驾驶舱、客舱和部分货舱)采取环境控制措施，这套系统称为环境控制系统，简称环控系统。环控系统包括两大部分：座舱空气调节系统和氧气系统。

(一)座舱空气调节系统

座舱空气调节系统，简称空调系统，是用于在飞行中根据需要向座舱提供一定温度和压力的空气，保证乘员的生理需求和安全舒适。空调系统包括座舱温度调节和座舱压力调节两部分。为保证乘员的舒适，夏季温度应控制在19~24℃，冬季控制在17~22℃，座舱高度(座舱内空气压力对应的海拔高度)应控制在2400米以下。

现代客机大多采用半密封式座舱，也叫通风式气密座舱。空调系统工作原理是源源不断地从座舱顶部输入一定压力和温度的新鲜空气，用于调节座舱温度和增压，座舱底部的排气活门也按一定速度向外部排气，在保证座舱压力和温度的情况下，还吸入新鲜空气、排出部分封闭在座舱里的混浊空气。送入座舱的气源在飞行中是从发动机压气机引气，地面则从APU压气机引气或由地面气源车供气，引入的空气被调节到适宜的温度送入座舱，座舱增压、通风、温度调节同时实现，保证了座舱有适宜的温度、湿度与二氧化碳浓度(见图2-125)。

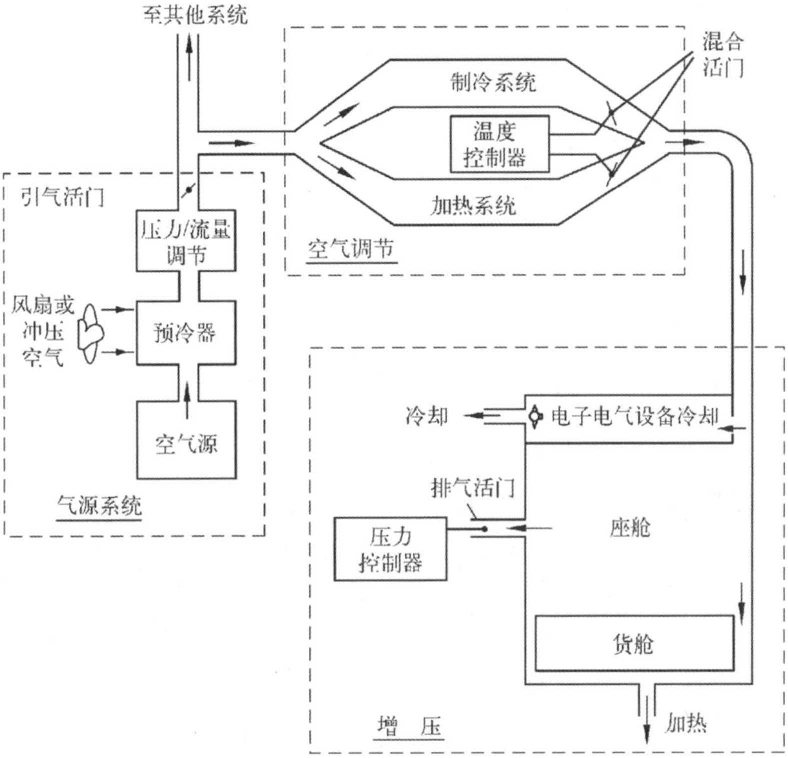

图2-125 通风式气密座舱空调原理

空调系统温度控制部分的核心是空气循环制冷系统。从发动机压气机引出的空气压力、温度都很高，先通过预冷器，利用从发动机外涵道(风扇通道)引入的冷空气进行冷却，温度降至190℃左右，再分成冷热两路。冷路在空调制冷组件内通过两次热交换，冷却到0℃左右，然后在混合室与热路空气按一定比例混合，调节到适宜的温度送入座舱。如果座舱温度偏低，系统将调节混合活门，让进入混合室的热路空气流量增大、冷路空气流量减小，送入座舱的空气温度就会升高；反之，则让热路空气流量减小、冷路空气流量增大，送入座舱的空气温度降低(见图2-126)。

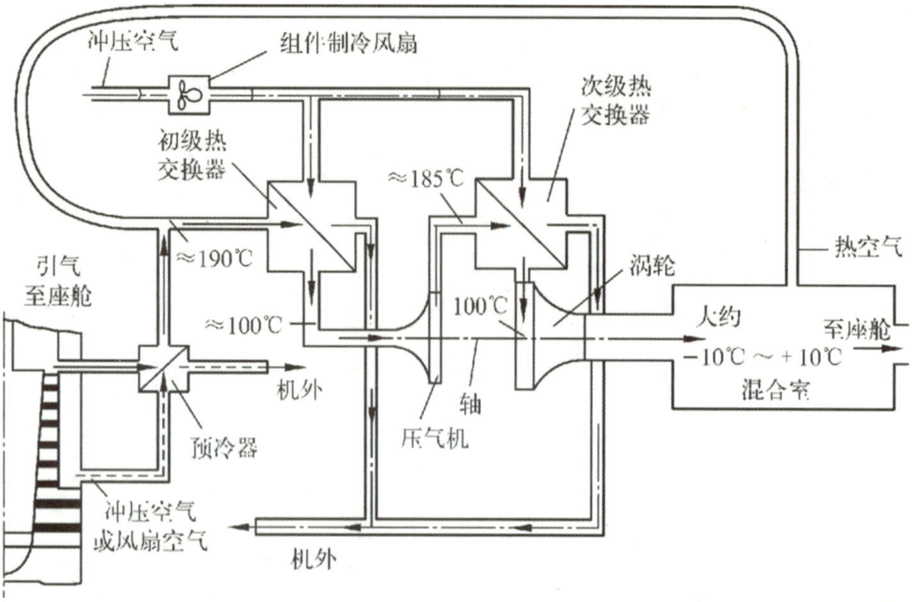

图2-126 空气循环制冷系统流程

小贴士▼

热路空气还用于气热除冰等需要加热的地方。

随飞行高度升高，大气压降低，会引起腹胀、腹痛等减压病。通过空调系统为座舱增压，如果将座舱压力增至地面气压，乘员就不会产生低气压带来的不适。但舱内压力与舱外压力的压力差过大，飞机机体将承受巨大的应力，严重时可能会损坏飞机。例如飞机在12000米高度上飞行，外部气压为0.19个标准大气压，若座舱高度控制在2400米，舱内气压为0.76个标准大气压，内外压力差达到0.57个标准大气压，一架中型客机机体将承受37吨的应力。因此，飞机座舱压力不宜升得过高，一般控制在1800~2400米的座舱高度即可。

许多飞机并不是上升到一定高度后才进行座舱压力调节，而是从地面关上舱门封闭座舱开始，就进行压力调节了(见图2-127)。封闭座舱后，即使飞机还在地面，空调系统已经开始向座舱送入温度适宜的空气，送入空气量大于座舱排出空气量，座舱压力将升高，座舱高度低于地面高度。随飞机上升，外界气压降低，座舱内气压也逐渐降低，座舱高度随飞行高度升高而升高，在飞机进入巡航高度时，座舱内气压稳定在一定值，座舱高度不再变化(1800~2400米)。飞机下降时，外界气压升高，座舱气压也相应升高，座舱高度随飞行高度下降而下降。飞机着陆后，座舱内气压高于地面气压，座舱高度低于地面高度，直到飞机开舱门解除密封，座舱内外压力平衡。

(二)氧气系统

巡航高度在10000米左右的飞机，座舱空气调节系统为保证座舱的舒适性，使座舱气压高度控制在2400米以下，供气中有足够的氧气，无须单独供氧。但在座舱失压等意外情况发生时，为保证乘客和机组人员的生命安全，就需要进行供氧。航空条例规定，巡航高度超过一定值的飞机，必须备有氧气。

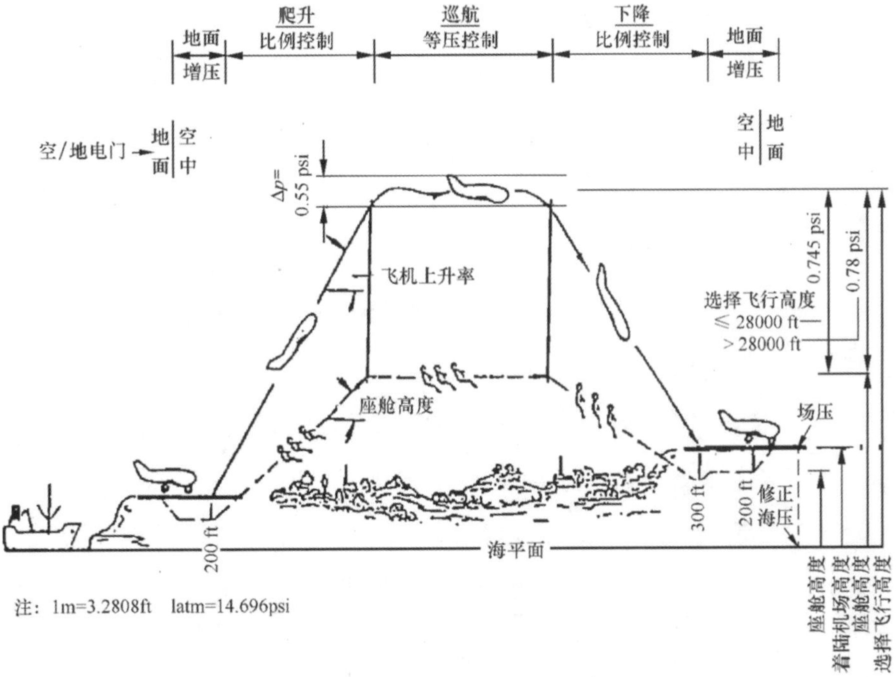

图2-127 波音737飞机座舱自动增压方式

民用飞机氧源主要有两种，一种是高压氧气瓶(见图2-128)；另一种是化学氧气发生器(见图2-129)。高压氧气瓶通常采用不锈钢或合金瓶身，再用金属丝包缠防止破损，表面涂成绿色，填充氧气最高可达到13.8MPa(约136个标准大气压)，实际填充时只充到120个标准大气压。氧气瓶有过热释放口，用于当环境温度升高导致瓶内气压过大时，释放掉部分氧气以保证瓶体安全。氧气发生器内装氯酸盐和铁粉的混合物，加热时会发生化学反应释放氧气，需要供氧时拉动启动销，点火销会通过发火帽点火对氯酸盐加热，使氧气发生器开始工作。大部分航线飞机在应急供氧时，机组人员使用氧气瓶中的氧气，乘客使用氧气发生器产生的氧气(见图2-130)。

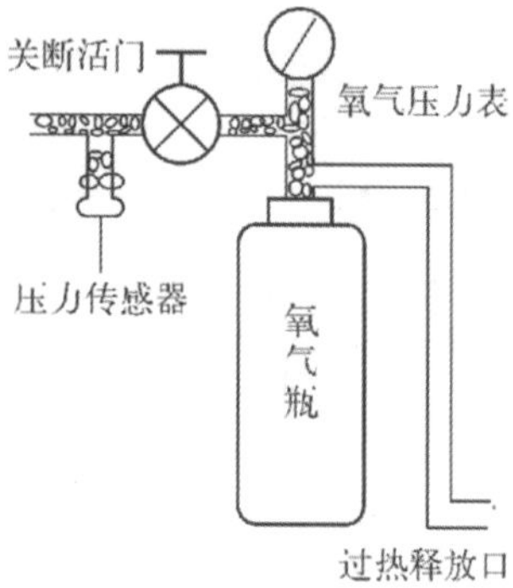

图2-128 高压氧气瓶

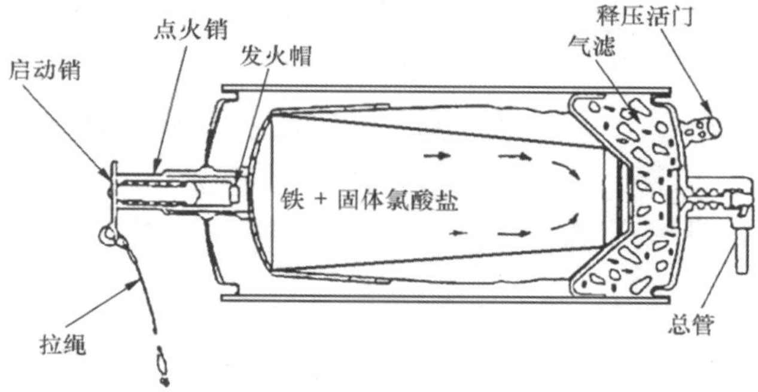

图2-129 氧气发生器

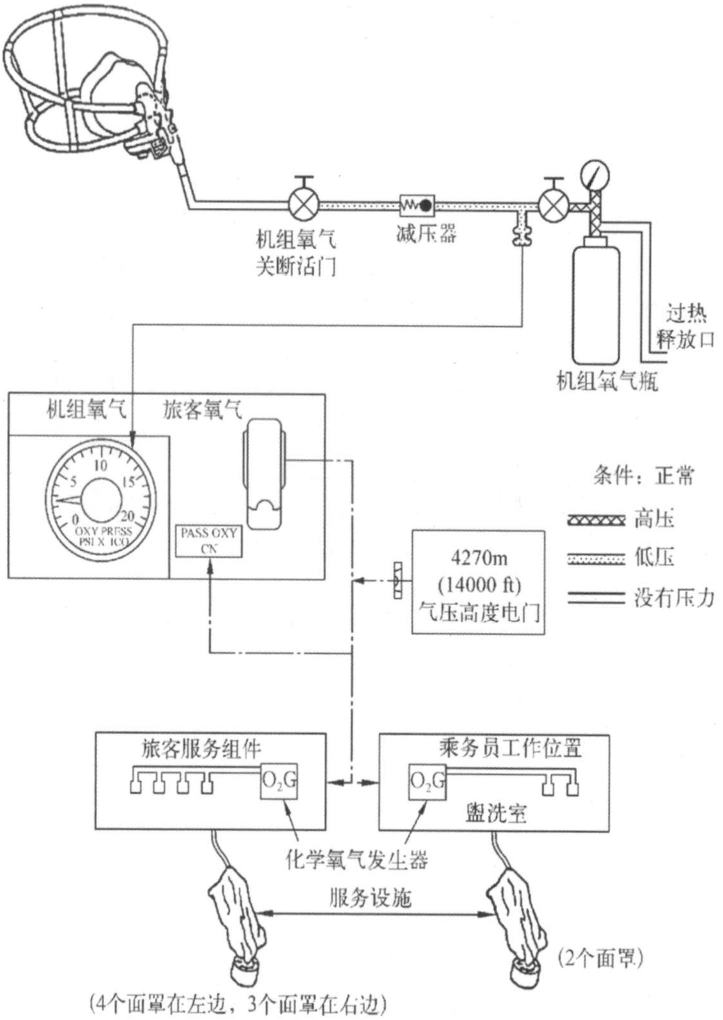

图2-130 波音737氧气系统

小贴士▼

军用作战飞机常用液氧作氧气源。

客机应急供氧时为旅客准备有氧气面罩，氧气面罩通常放置在天花板内(见图2–131)。当座舱压力降低到4500米高度时，氧气面罩会自动落下，乘客可用氧气面罩扣住口鼻，并将固定面罩的带弹力带子挂于脑后，正常呼吸即可(见图2–132)。

图2–131　氧气面罩

图2–132　氧气面罩的使用

小贴士▼

带小孩的乘客，应先自己戴上氧气面罩，再为小孩戴上。

四、客舱设备及救生设施

(一)客舱设备

客舱是旅客在旅行中活动的空间，客舱的舒适和安全程度对旅客选择承运人有极大影响，因此航空公司对客舱设备的选择和客舱布置要进行周密的安排，飞机制造商会按航空公司的要求安排客舱布局。

客舱布局通常指客舱内座椅的安排，有时还包括厨房、厕所、舱门等的安排。

根据座椅不同，可将客舱分为头等舱、公务舱(商务舱)、经济舱(普通舱)三个等级。只有一种舱位等级的叫作一级客舱布局，通常为全经济舱；有两种舱位等级的叫作二级客舱布局，通常为头等舱和经济舱；同理，三级客舱布局包括头等舱、公务舱和经济舱三种完整的舱位等级。不同的舱位等级，座椅的宽度和间距不同，如波音

图2-133　新航A-380头等舱

图2-134　南航A-330头等舱

图2-135　中国商飞C919经济舱

767客机的标准布局中，头等舱每排只有4个座位，排间距为38英寸(1厘米=0.3937英寸)；公务舱每排6个座位，排间距为34英寸；经济舱每排7个座位，排间距为32英寸。不同航空公司在布局上有所不同，有的航空公司为了多载客，希望把排间距尽量缩小；有的航空公司为了吸引乘客、提高公司影响力，把客舱做得尽量豪华，如新加坡航空公司甚至把空客A-380头等舱布置成了豪华包厢，座椅放平后就是一张舒适的床(见图2-133)。为保证旅客在紧急情况下能迅速撤离飞机，国际民航组织规定座位排间距最小不得低于29英寸。同一架飞机，如果头等舱、公务舱座位布置得多，载客量就将减少，布置成全经济舱，载客量就会增加。如空客A-380客机，标准的三级客舱布局可载客555人，如果采用全经济舱的一级客舱布局，载客量可达861人。大型飞机可采用三级客舱布局，中型飞机一般采用头等舱、经济舱两级客舱布局，小型飞机常采用一级客舱布局(见图2-134和图2-135)。

客舱内的厨房和厕所通常是按座位数配置的，一般60~70个座位配置一个厨房，40~50个座位配置一个厕所。厨房配置有电加热设备(通常是烤箱、微波炉等)和食物储存装置，还具备饮用水的供水和排水通道(见图2-136)。飞机上的厨房设施不可能非常完备，只能提供对地面准备好的食物进行简单热处理(见图2-137)。客舱中的厕所一般配置有抽水马桶、面盆和通风设施(见图2-138)。机身后部备有水箱，提供饮用水和循环使用水，经加压后供厨房和厕所使用。有的飞机使用过的废水经排水管道直接排出机外，为防止在高空低温环境里排水管结冰造成堵塞，排水管口设有加热装置。目前，大部分客机备有污水箱，废水回收到污水箱而不是直接排出机外，废水经化学处理后可循环使用，如洗手用过的水可以用于冲马桶等。

图2-136　飞机厨房

图2-137　飞行中的餐食

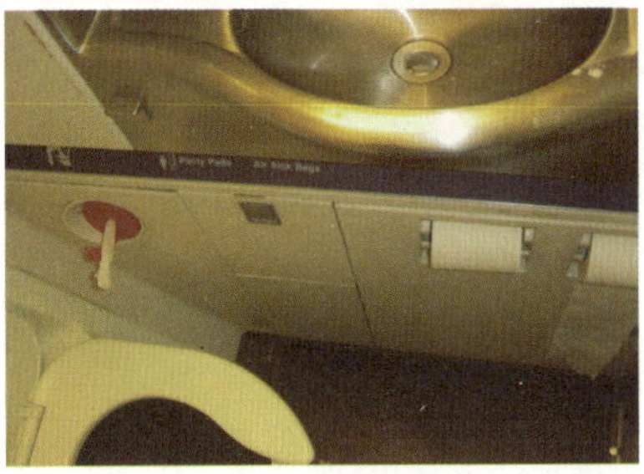

图2-138　客舱中的卫生间

(二)客机上的救生设施

尽管航空运输是目前最安全的交通运输方式，但客机上仍然要配备一些救生设施，以便在万一出现飞行事故的情况下，使乘客安全、迅速撤离飞机。

提起飞机上的救生设施，人们的第一反应就是降落伞。降落伞仅仅在航空运输初期在民用飞机上装备过，在使用中发现几乎没有效果，原因是降落伞必须在一定的高度和速度之下张开才能保证安全，对跳伞人员的要求也很高，未经专业训练的人员很难成功地将降落伞打开，即使经过专业训练的人员，在没有地面保障、不知道地面情况的前提下跳伞，也无法成功实施跳伞。因此，第二次世界大战后民用客机都不再配备降落伞。

小故事

图2-139　汶川伞降

在2008年汶川大地震的救援活动中，5月14日11时47分，15名空降兵从地震灾区上空4999米的高空奋不顾身地跳下，为救援部队传回了灾区的第一手资料，为指挥救援提供了准确的决策依据。战士们平时训练的跳伞高度是800~1000米，而这次是将近5000米的高度。在无气象资料、无地面标志、无指挥引导的“三无”条件下从5000米高度实施伞降，在世界军事航空史上前所未有(见图2-139)。

让我们记住这些英雄的名字：李振波、王君伟、于亚宾、刘志宝、殷远、郭龙帅、李亚军、赵海东、赵四方、雷志胜、刘文辉、王磊、任涛、李玉山、向海波。

民用客机上的救生设施，主要用于飞机迫降成功后，让乘客安全、迅速地撤离飞机。主要包括应急撤离通道、紧急出口、紧急撤离设施等。

按照国际民航组织制定的标准，要求客机必须保证在紧急情况下所有乘客90秒内全部撤离。为达到这一标准，在设计时都为客舱留有一定宽度的通道，离通道最远的座位和通道最多只能相隔两个座位，因此客舱内两侧靠窗的座位最多只允许设计3列，宽体客机中间部分座位最多只能设计5列。为确保畅通，安全通道内不得堆放任何物品，客舱内也预先划分了撤离分区，为每个分区到紧急出口划分了专用的撤离路线，并在“乘客须知”中注明。除了正常的登机门和厨房服务门之外，客舱内还根据座位数量设置了若干应急出口，每个撤离分区都对应相应的应急出口，在紧急情况下乘务人员或坐在出口旁的旅客可打开出口，所有乘员可从对应的出口迅速撤离飞机。

图2-140 应急出口和充气滑梯

许多客机出口离地高度都在2米以上，必须有相应的撤离设施才能保证人员能够安全撤离。在登机门、应急出口处都设有充气撤离滑梯，在紧急情况下打开后会自动充气，乘客可通过滑梯安全滑到地面(见图2-140)。

小贴士 ▼

为避免鞋上的尖锐部分划破滑梯，从充气滑梯撤离时需要脱鞋。

为了保证迫降到水上时乘员的安全，客舱内还配备了救生衣和救生筏(见图2-141、图2-142)。救生衣是充气漂浮设备，为橘红色或黄色，便于搜救人员发现，一般位于座椅下方，紧急情况时，拿出穿上，离开飞机后拉动下面的充气拉手会自动充气。救生筏也是橘红色，配有桨、锚等设施，根据撤离的人数有不同的规格，最大的可载48人，最小的只能载10人左右。

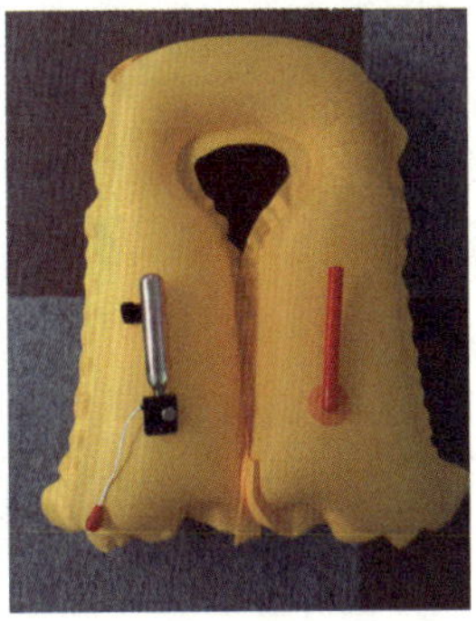

图2-141 救生衣

图2-142 救生筏

为使人员顺利撤离飞机，飞机上还配有救生斧、救生索、防护头盔、护目镜、照明灯、扩音器等救生设施。撤离飞机后，为方便搜救人员搜救，配有应急定位发射机、便携式定位发射机、海水染色剂等救生用品。另外，飞机上还为乘客配备一定数量的压缩食品、海水淡化剂、急救药箱等，以备撤离飞机后的不时之需。

相关链接

降落伞是常用的航空救生工具，主要由透气的柔性织物制成并可折叠包装在伞包或伞箱内，工作时相对于空气运动，充气展开，使下落中的人或物体减速、稳定的一种气动力减速器，被广泛用于军用飞机乘员救生、空降和体育运动。

为确保降落伞能顺利开伞，包装时必须将伞衣、伞绳整齐叠成长条，伞绳呈“S”形排列装入伞包，在“S”形弯折处用橡皮绳固定，伞衣也呈“S”形折叠好置于伞绳之上(见图2-143)。固定好伞衣、伞绳后，将伞包好，伞包扣眼用钢索穿过锁好，伞包外有橡皮绳，用于在抽掉钢索后将伞包拉开，露出内部的伞衣和伞绳。伞绳连接背带系统，伞衣顶部连接引导伞。引导伞是一具雨伞大小的小伞，装于主伞伞包外，下端连接主伞伞衣顶部和主伞伞包上的钢索。主伞包装好后，将引导伞装入伞包外部的引导伞袋中，用钢索穿过扣眼锁好并挂上橡皮绳，此钢索连接拉环，降落伞才包装完毕(见图2-144)。

图2-143　叠伞

图2-144　降落伞包

跳伞时，跳伞人员在脱离飞机尾流、速度稳定后，在保持平衡的状态下拉动拉环，引导伞袋解锁后在橡皮绳的作用下打开，引导伞飞出张开。由于人在下落过程中与空气有相对运动，引导伞将产生较大的阻力，利用这个阻力将主伞伞包钢索拉开，再牵引排列整齐的主伞伞衣、伞绳脱离伞包，在伞衣、伞绳完全拉直后，相对气流从下方冲入，将降落伞完全展开。

图2-145　降落伞

伞衣有强度限制，在速度很大时张开，会被强大的气流冲破，因此在飞行速度较大时，跳伞后须张开四肢，让身体在气流作用下减速，只能在速度稳定在规定值以下才能开伞，人体四肢张开自由下落的稳定速度约为50米/秒(180千米/时)。在开伞过程中，必须保持身体平稳，如果身体在转动，伞衣拉出时可能会缠绕在人体上而不能张开。开伞后在伞衣的阻力下减速，最后匀速下降，速度约为6米/秒，为抵御着陆时的冲击力，必须双脚放平，两腿用上力，两脚以全脚掌同时接地(见图2-145)。

第七节
民用飞机的性能

民航对飞机性能的要求包括很多方面，从飞行性能到经济性、舒适性、可靠性等，都提出了很高的要求。其中最重要的是必须能满足完成规定任务的飞行性能，在此基础上才谈得到经济性、舒适性等。本节主要介绍飞机的载重性能和飞行性能。

一、飞机的载重性能

飞机的载重能力，是航空运输经营者最关心的性能。载重能力越强的飞机，往往其自身重量也越大。我们需要了解飞机各种重量的关系，在使用中可以灵活运用，减少没必要的重量，增大业务载重量。

(一)飞机的几种重量

1.最大起飞重量(MTOW)

最大起飞重量指飞机起飞时结构允许的最大重量。业务载重能力越大的飞机，最大起飞重量一般也越大，如最大的客机空客A-380最大起飞重量为560吨。目前世界上最大的飞机是前苏联安东诺夫设计局(现乌克兰安东诺夫航空科研技术联合体)研制的安-225“梦幻”运输机，最大起飞重量为640吨(一说700吨)，该机仅生产一架，最初是为运载“暴风雪”号航天飞机而设计的军用运输机，苏联解体后，已于2001年成功转为民用型(见图2-146)。

图2-146　世界最大的飞机“安-225”

2.最大着陆重量(MLW)

最大着陆重量指飞机在着陆时允许的最大重量。最大着陆重量主要是考虑到着陆时起落架和地面间碰撞的冲击力对飞机结构的影响，最大着陆重量小于最大起飞重量，大型飞机二者之间的差别较大，中小型飞机差别较小，甚至没有差别。如波音747-400ER的最大起飞重量达418.65吨，最大着陆重量只有289.85吨，二者相差128.8吨。飞机重量必须小于最大着陆重量才能保证着陆安全，有时在起飞后飞机出现故障，重量又比较大时，不得不进行空中放油降低重量后紧急着陆。

3.最大无燃油重量(MZFW)

最大无燃油重量指飞机没有燃油时的最大重量。由于民用飞机在机翼内储存了大量燃油，飞行中飞机将产生足够的升力来平衡重力，也包括平衡机翼内那部分燃油的重力。升力主要由机翼产生，并通过翼根传递到机身，翼根就会受到很大的应力，因此必须有足够的结构强度。而平衡在机翼内的燃油那部分重力是不需要传给机身的，最大无燃油重量其实也就是翼根结构强度允许的承力限度，是机翼传递升力到机身的最大限度。如果飞机重量超过这个值，超过的只能是燃油重量，尽管飞行中要产生克服它的升力，但这部分升力不会传递给机身，不影响翼根受力。这和前面谈到的机翼下吊装发动机有减轻翼根受力的功能是一个道理。

使用空机重量(OEW)：指飞机上除燃油和业载之外的全部重量，包括机组人员、机上设施以及全部服务所需用品的重量。

业载(PL)：指飞机可以用来赚取利润的商业载荷，航空运输中只有这一部分重量会付给航空公司运费，它包括旅客、行李和货物三部分。民航在计算飞机载荷时，旅客重量往往是一个估算值，我国民航将每名旅客估算为75公斤。行李和货物混装在飞机货舱，为充分利用有限的货舱容积，一般利用集装设备来装运。

飞机最大载油量是油箱容积确定的，为油箱容积与燃油密度的乘积。

(二)飞机几种重量间的关系

飞机的各种重量里，最大起飞重量和最大无燃油重量是受到飞机结构强度限制的，无论什么情况下都不允许超过。

航空公司希望在不超过飞机重量限制、不影响飞机续航能力的情况下，尽可能多地装载商业载荷，这样可以降低运营成本，提高经济效益。我们知道，在使用空机重量里已经包含了机上服务设施和机组人员，只需要装上不超过重量限制的业载和燃油，就可以进行商业飞行了。由此可见，在不超过限制的情况下，适当减少燃油装载量，可多装业载。

最大业载要受到最大无燃油重量限制，还要受到客货舱容量限制。受最大无燃油重量限制时，最大业载为最大无燃油重量与使用空机重量之差，即MZFW−OEW，装载达到这个值时，翼根处受力将达到安全限制的极限。受客货舱容积限制时，对客机来说，最大业载为全部旅客的重量加上装满货仓货物的重量，对货机来说就是货舱容积与货物密度的乘积。世界最大的客机空客A−380的最大业载为90.8吨，世界最大的飞机安−225“梦幻”运输机最大业载为250吨。如果遇到承载密度很小的货物时，即使装满了货舱，货物重量也很轻，会在一定程度上影响航空运输的经济性，影响航空公司的收入。为减轻类似情况对航空运输的影响，民航出台了“轻泡货物”的规定，如果每6000立方厘米货物重量不到1公斤，按1公斤计收运费。

小贴士▼

安-225“梦幻”运输机在运载体积过大无法装入货舱、重量不超过限制的物体时，还采用“背运”的方式，如背运“暴风雪”号航天飞机(见图2-147)。

图2-147 安-225背运航天飞机

为保证飞机的航程，飞机必须加足够量的燃油，为获得最大航程，还需按最大燃油量来加油。飞机的最大燃油量主要受油箱容积限制，最大油量为油箱容积与燃油密度的乘积，如空客A-380受油箱容积限制，最大燃油量约为245吨(310立方米)。

最大燃油量和最大业载往往还会互相牵制，这也就决定了飞机的使用者想多运载业载就必须少装燃油，想多装燃油增加航程就必须少拉业载。以波音747-200飞机为例，它的最大起飞重量(MTOW)为378吨，最大无燃油重量(MZFW)为238吨，使用空机重量(OEW)为170吨，受油箱容积限制最大燃油量为168吨。飞机的最大业载MZFW-OEW=238-170=68吨，如果装上这些业载，最大无燃油重量就为238吨，此时最大燃油量受最大起飞重量限制为MTOW-MZFW=378-238=140吨。如果要将飞机加满燃油，则最大业载为MTOW-OEW-最大燃油量=378-170-168=40吨。

在实际运营中，飞机很少将燃油加满，即使在不影响业载的情况下，也很少全油起飞(如上面例子中加140吨油的情况)。通常加油量为执行任务的航程、备份航程的需要并加上一定备份油量即可，下一段航程需要的燃油可在下一个起飞机场加注。

二、飞机的飞行性能

民用飞机在执行航空运输飞行任务时，完整的飞行过程包括起飞、上升、巡航、下滑(下降)、进近和着陆六个过程，衡量飞机的飞行性能，往往也就是看它在这几个过程里的表现。

(一)起飞性能

起飞是指飞机从加速滑跑到抬前轮离地，并上升到一定高度的运动过程。起飞性能主要包括起飞离地速度、起飞滑跑距离和起飞距离。

飞机起飞过程中离地瞬间的速度叫起飞离地速度。飞机要从地面升至空中，必须要产生足够的升力才能实现这个过程，从升力公式可知，要产生足够的升力必须有一定的速度和适当的迎角，起飞离地速度就是为产生升力而需要的速度。这个速度越大，说明飞机起飞过程中需要加速的时间越长，所需跑道就越长，对机场条件的依赖程度越大，起飞性能越差。一般来说，飞机起飞重量越大，起飞所需升力也越大，起飞离地速度就越大。随着飞机动力装置性能越来越好，飞机的加速性越来越好，有时尽管离地速度大，但加速时间短，所需跑道也不长，起飞离地速度已不再是衡量飞机起飞性能的主要因素。

起飞距离指飞机从跑道上开始滑跑到离地并上升到一定高度(10.7米，35英尺)所经过的水平距离，包括地面的起飞滑跑距离和空中段距离。起飞滑跑距离的长短决定了飞机对机场跑道的依赖程度，这个距离越短，说明飞机对机场条件依赖性越小，起飞性能越好。起飞空中段距离的长短表明飞机对机场净空条件的依赖程度，这段距离越短，对机场净空条件依赖越小。一般来说，起飞滑跑距离越短，空中段距离也越短。现在航空制造技术的发展，要求飞机朝大型化、高速化等方向发展，不得以增加起飞滑跑距离和起飞距离为代价。

图2-148 “鹞”式战斗机

为降低对机场的依赖，英国曾研制出可垂直起降的“鹞”式战斗机，起飞着陆可以不需要跑道(见图2-148)。使用中发现追求“零距离”起降所付出的代价太大，实战意义不大，故该机型没有得到很好的发展，现已全部退役。

(二)上升性能

通常说的上升是指飞机沿倾斜向上的轨迹所作的等速直线飞行，飞机的上升性能包括上升角、上升率和升限。

上升角是指飞机上升轨迹(飞行速度)与水平面的夹角(见图2-149)。上升角越大，飞机上升过程中的越障能力越强，飞机上升性能越好。现代飞机基本不再追求大上升角，许多战斗机的最大上升角已经达到90°，即垂直上升。

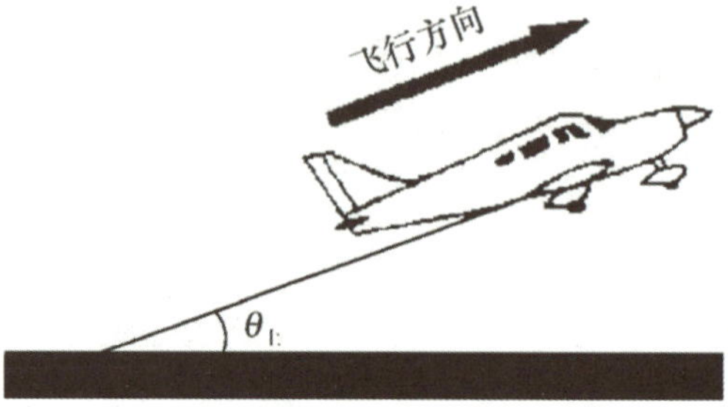

图2-149 上升角

图2-150　苏-27战斗机

上升率是单位时间内飞机上升的高度，通常以“米/秒”或“英尺/分”为单位。最大上升率越大，飞机获得高度越快，上升到同样的高度需要时间最短，飞机的上升性能越好。民用运输机对上升率的要求不高，目前上升高度最快的飞机是俄罗斯的苏-27战斗机(见图2-150)，海平面最大上升率为330米/秒。

升限是飞机上升中所能达到的最大高度。随着飞行高度的升高，飞机的最大上升率将逐渐降低，当最大上升率降低到0时，飞机再也不能上升，此时的高度就是飞机的理论升限。飞机上升到理论升限没有实际意义，也几乎达不到这一高度，实际上升中所说的升限指实用升限。对于喷气式飞机，当最大上升率降低到2.5米/秒时，所达到的高度叫实用升限。现代民用运输机，由于所选取的飞行高度在10000米左右，对飞机的升限要求也不高，只要能达到相应的高度即可，如空客A-380的实用升限为13100米。有的军用飞机实用升限可达30000米以上。

(三)巡航性能(平飞性能)

民用运输机巡航飞行占据了绝大部分飞行时间，因此巡航性能将直接影响到民用飞机在使用中的表现。巡航性能包括最小平飞速度、最大平飞速度、平飞速度范围、远航速度等。

能维持飞机平飞的最小速度叫平飞最小速度。飞机在飞行中需要产生足以平衡重力的升力，因而需要一定速度，小速度飞行时需要较大升力系数，而升力系数随迎角等因素在一定范围内变化，有一个最大值，升力系数最大时对应的飞行速度就最小，速度再小就不可能维持平飞。平飞最小速度越小，说明飞机的低速性能、失速性能越好。

平飞最大速度是飞机在平飞中所能达到的最大速度。通常情况下，平飞最大速度一般受发动机性能限制，当速度增大平飞阻力增大，大到与发动机能提供的最大推力平衡时，飞机就达到最大平飞速度。最大平飞速度越大，说明飞机的高速性能越好。目前民用运输机的最大平飞速度一般不超过时速800~1000千米，不超过临界M数，以免出现激波阻力和操纵上的显著变化，保证飞行安全和飞机的经济性。一些军用飞机的最大平飞速度达到M数3.0以上。

平飞速度范围是最小平飞速度和最大平飞速度之间的范围，范围越大，说明飞机可维持稳定飞行的速度选择面越大，平飞性能越好。

远航速度是指飞机可以达到最远航程的飞行速度，民航通常也称为巡航速度，该速度对应的千米耗油量最小。民用运输机的远航速度接近最大平飞速度，许多军用飞机的远航速度与平飞最大速度的差别较大。

(四)下滑性能

飞机所作的不断降低高度的飞行叫下滑(下降)，下滑性能包括下滑角、下降率和下滑距离。

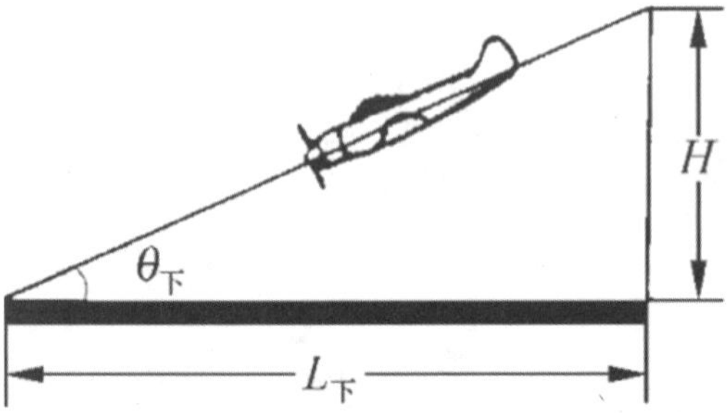

图2-151　下滑角与下滑距离

下滑轨迹(或下滑速度)与水平面的夹角叫下滑角；飞机单位时间内下降的高度叫下降率，单位为“米/秒”或“英尺/分”；飞机下滑过程中通过的水平距离叫下滑距离(见图2-151)。

从飞行性能的角度，追求的是在发动机丧失动力的情况下，保持下滑能取得的最小下滑角、最小下降率和最远下滑距离。下滑距离与飞机下降高度之比叫滑翔比，下滑性能好的飞机，发动机停车后滑翔比能达到10以上。

(五)进近和着陆性能

进近是指飞机着降前下降对准跑道飞行的过程。在进近阶段，要使飞机调整好高度和速度，对准跑道、避开地面障碍物，为着陆做准备。着陆是指飞机从安全高度(25米)开始下滑、拉平直到接地并停止运动的过程。着陆性能包括接地速度、着陆距离与着陆滑跑距离。

飞机着陆时接地瞬间的速度叫接地速度。一定的接地速度会保证飞机着陆时产生足够的升力，控制飞机缓慢降低高度、轻轻接地。接地速度越大，通常滑跑距离就越长，但滑跑距离也和飞机减速性能有关，减速性能好的飞机，即使在较大的接地速度下滑跑距离也不长。

飞机从安全高度下滑直至降落在地面并停止运动所经过的水平距离叫着陆距离。飞机从接地直至停止运动所经过的水平距离叫着陆滑跑距离，着陆距离包括着陆滑跑距离和空中段距离。着陆滑跑距离越短，说明飞机对机场跑道的依赖性越小，着陆性能越好；着陆空中段距离越短，说明飞机对机场净空条件依赖性越小，着陆性能越好。由于采取了切实有效的减速措施，目前的大型民用飞机着陆滑跑距离一般在2000米以内。

思考与练习

1.民用航空器的使用现状如何?

2.民航对航空器的使用要求有哪些?

3.什么是迎角?

4.升力是怎样产生的?影响飞机升力的因素有哪些?

5.飞机可以分为哪几大部分?其中构成机体的又是哪些部分?

6.机翼的作用是什么?

7.起落架有什么作用?现代飞机常见的起落架采用哪种配置型式?

8.航空喷气式发动机的种类有哪些?分别用于什么航空器?

9.APU的作用是什么?APU通常安装在飞机什么部位?

10.当空速管结冰，堵塞了全压孔时，将导致哪些仪表的指示不准?如果堵塞了静压孔，又将导致哪些仪表指示不准?

11.飞机起飞、着陆和航线飞行，分别使用什么高度?

12.为什么真速、表速和地速会有不同?

13.头等舱、公务舱、经济舱的区别是什么?一级客舱布局、二级客舱布局、三级客舱布局的含义是什么?

14.客舱内的救生设施有哪些?

15.什么是业载?最大业载和最大起飞重量、最大无燃油重量有何关系?

16.民用飞机的飞行过程由哪些部分构成?

第三章

领航与气象

学习目标

1.了解空中领航的基本概念及发展简史。

2.了解空中领航的基本参数、基本方法。

3.了解现代飞机的导航设备系统。

4.了解影响飞行的天气种类。

5.了解风、云、能见度和降水对飞行的影响。

6.了解飞机积冰的危害。

第一节 空中领航

小资料

1988年7月11日，新疆航空公司TU-154M型2603号飞机在执行“乌鲁木齐-广州-上海”航班任务时，机上满载162名中外旅客及11名机组人员。飞机进入湖北、安徽、江西三省交界区域，由于遇雷雨区，飞机作机动飞行，离开正常航路进行绕飞，很不幸的是，他们居然迷路了……

在地面上，如果要去一个陌生的地方，凭借一张地图和路牌的指示就可以到达目的地。而在广袤的空中，飞机是如何确定飞机位置、飞行方向和飞行距离的呢?这一切就需要借助空中领航的有关知识来完成。广义的领航包括两方面的含义：一是空中领航，二是地面引导。

一、空中领航概述

(一)空中领航的基本概念

空中领航是指飞行人员使用领航设备，测定飞机相对于地面位置，确定飞机航向、速度和高度，将飞机准确地引领到预定地点的一系列活动。

地面引导是指地面人员使用引导设备，计算出引导数据，将飞机引领到预定目标的一系列活动。按照引导设备的不同，可分为自动化引导和人工引导。自动化引导，是在测得空中目标信息后，自动获取数据并传输给计算机，计算机根据引导人员确定的目标和飞机飞向目标的方法，自动计算出引导数据，引导人员据此对空中飞机所实施的引导。人工引导，是利用地图上标出的或雷达显示的飞机航迹，对飞机所进行的指挥引导。

(二)空中领航发展简史

早期飞机的领航设备简陋，飞行人员主要是用地图与地面对照来判定位置和飞行方向。1910年，英法两国飞行员在飞行竞赛中，参照飞机上简易磁罗盘指示的飞行方向，沿着铁路、公路由伦敦飞到曼彻斯特，这是一次早期著名的空中领航活动。

在第一次世界大战期间，飞行员利用飞机上的磁罗盘、空速表、高度表和地图相结合，实施空中领航，并开始在空勤组内专设一名空中领航员。

第二次世界大战中，由于雷达、无线电等技术的发展，飞行人员使用无线电领航设备、航空六分仪和天文罗盘等实施空中领航。无线电领航的出现，是空中领航方法的一次飞跃，一个里程碑，它使飞机能够在复杂的气象条件下安全起飞和着陆，能够准确地沿航线飞到目的地，增强了飞机的机动飞行能力，取得了极大的经济效益，是目前一种主要的领航方法。

随着电子计算机、雷达、激光、红外、微波、自动控制和其他信息系统等科学技术的迅速发展，空中领航和地面引导的自动化程度越来越高。飞机从起飞到着陆阶段的领航问题，逐步由电子计算机控制和处理，较之人工控制，可以更准确、迅速地实施空中领航和地面引导。

1973年，美国开始研制用于导航的全球卫星定位系统，由于卫星导航所具有的优点，受到了世界各国的广泛重视，卫星导航技术对未来的导航、通信及空中交通管理产生了深远的影响，这一技术的成功应用将导航技术推入了卫星导航时代，具有划时代的意义。

二、领航基本方法

根据使用设备的不同，常用的领航方法有：地标罗盘领航、无线电领航、天文领航、雷达领航、惯性领航、卫星领航等。现代有些飞机装有由几种不同的领航设备组成的、由电子计算机控制的综合领航系统实施空中领航，以提高引领飞机的准确性和自动化程度。虽然领航方法多种多样，各有千秋，但其基本方法都是一样的：确定飞机当前位置、计算出到预定地点的飞行方向和飞行时间，引导飞机准确地飞到预定地点。不同的领航方法，区别在于获得这些信息的途径与计算方法的不同。

(一)地理坐标与航空地图

地理坐标是用来确定地面和空中运动物体位置的一种最基本的坐标，领航中通常用经度和纬度表示。

地球上任意地点都有一条经线通过，某条经线的经度，就是该条经线所在平面与起始经线平面的夹角。

地球上任意地点都有一条纬线通过，某条纬线的纬度，就是该纬线上任意一点与地心的连线同赤道平面的夹角。

将地球表面的全部或者一部分地形、地物按照一定的比例缩小，用一定的方法和符号描绘在平面上的图形，就叫地图，它是地面上各种景物的简略记录。地图的种类很多，不同的地图有不同的用途。其中专供航空使用的地图叫做航空地图。

航空地图是每次飞行进行领航准备和空中实施导航必不可少的重要资料。在飞行中充分、正确、熟练地使用航空地图所提供的资料，对于保证飞行安全具有重要的意义。

(二)领航的基本参数

图3-1　领航的基本参数

各地的地理坐标和海拔高度通过多年的测量已经记录在航图上，因而通过地面标志对照航图就可以确定某一点的地理坐标。也可以在知道起飞机场的地理坐标后，根据地速和航向把飞行中的航迹以及到达的时间计算出来。在具备航空地图的情况下，领航最主要的参数就是航向、空速及地速、时间和飞行高度(见图3–1)。

1.航线

飞机从地球表面一点到另一地点的预定航行路线叫航线。航线的方向用航线角表示，从航线起点的经线北端顺时针量到航线去向的角度就是航线角，航线角的范围是0°～360°；航线距离是航线起点到终点的地面长度，它等于各段航线距离之和，航线距离的单位常用的有千米和海里。

2.航向

飞机纵轴前方的延长线叫航向线(见图3–2)。航向线的方向，即飞机纵轴前方的指向，叫做航向，航向就是飞机在空中的飞行方向，它是用航向角来表示的。从经线北端顺时针量到航向线的角度叫航向角(见图3–3)，其范围为0°～360°，其中0°为正北方向，90°为正东方向，180°为正南方向，270°为正西方向。

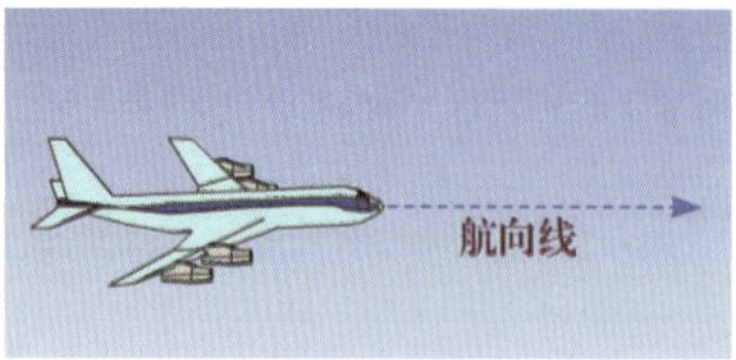

图3–2　航向线

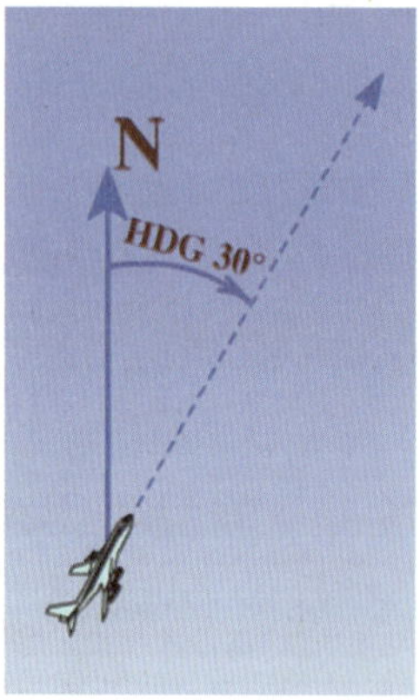

图3–3　航向角

飞机的航向是通过罗盘来测量的，目前民航飞机上采用的罗盘主要有：直读磁罗盘、陀螺半罗盘和陀螺磁罗盘等。在现代化的飞机上则采用航向系统，其目的是实现机载设备的综合化及实施自动飞行管理等。

3.空速及地速

飞机相对于空气运动的速度叫空速。空速是反映飞机飞行性能的一个重要参数，是飞行员正确操纵飞机的主要依据，飞行中飞机所受的各种空气动力与空速直接相关，同时空速也是领航计算不可缺少的元素。

空速是用空速表测量出来的，但由于空速表存在着机械误差、空气动力误差、空气密度误差等，使用时需要进行修正和计算。

飞行中不仅要知道空速，在领航计算中更需要知道沿航线飞行的飞机相对地面的速度，从而确定飞机所在的位置和飞机达到预定位置的时刻。飞机在地面上投影点的移动速度称为地速，地面投影点移动的轨迹称为航迹，航迹的方向用航迹角表示，从经线北端顺时针量到航迹去向的角度叫航迹角，范围为0°～360°。如果航迹与航线重合或一致，航迹角就等于航线角。

飞机在飞行中，不但相对空气运动，还会随风往下风方向飘移。在无风的情况下，机头对向哪里，飞机就飞向哪里，这时飞机的航迹完全同航向线一致，飞机的航迹角等于航向，地速等于空速；飞机顺风航行，飞机的空速和风速在一条直线上，地速等于空速加风速；同理，飞机逆风航行，地速等于空速减去风速。

图3-4　小船过河

通常情况下，空中很少遇到无风、单纯的顺风或逆风，实际情况是经常有侧风。侧风中飞机随风飘移不仅影响地速大小，还影响地速方向，使飞机的航迹线偏离飞机航向线，造成飞机的航迹角不等于航向，地速也不等于空速。正像船渡河时，船受水流的影响，船的行进方向并不是船头所指示的方向，而是偏向下游方向，飞机在侧风中飞行，航迹线相对于航向线也会朝下风方向偏(见图3-4)。

知道了飞行的航迹角和地速就很容易地计算出飞机下方地面的位置和到达预定位置的时刻。

4.时间

时间有两种不同的含义：一是表示某一瞬间的早晚，叫时刻，如飞机从北京起飞时刻是12时40分，到达广州的时刻是15时55分；二是表示两时刻间所间隔的长短，叫时段，如飞机从北京到广州的飞行时段是3小时15分。

要表示时刻的早晚和时段的长短，就需要有时间单位，时间的基本单位是日，年和月是日的倍数，时、分、秒是日的等分。

5.飞行高度

飞机到某一基准面的垂直距离叫飞行高度，常用米或英尺为单位。

根据不同的飞行需要，常常选择不同的基准面作为测量高度的基准。根据不同基准面，飞行高度常分为两类：几何高度和气压高度。

几何高度是以地球表面上某一水平面作为基准面的高度，它实际上就是飞机相对于地球表面某处的真实高度，它只与飞机和地球表面所处的高低有关，具有稳定的几何形态。根据所选基准面不同，几何高度有真实高度、相对高度和绝对高度之分(见图3–5)。

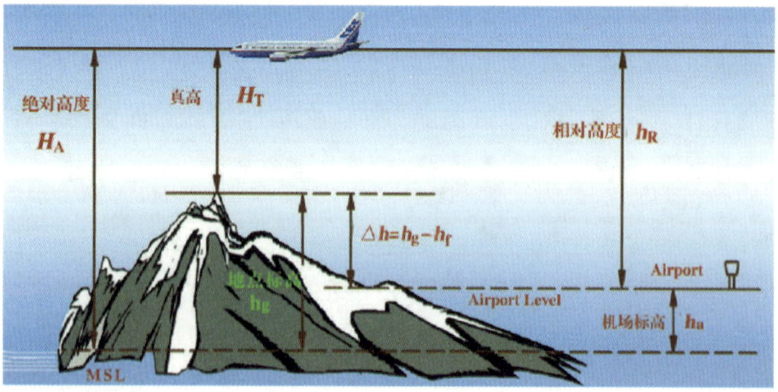

图3–5　几种高度

真实高度是指以飞机正下方的地平面为基准面的高度。

相对高度是指以起飞机场或降落机场所在的平面作为基准面的高度。

绝对高度是指以平均海平面为基准面的高度。

气压高度是根据高度上升、大气压力逐渐降低的原理，测得某处气压值，根据这一气压值计算出来的高度。常用的气压高度有场面气压高度、修正海平面气压高度、标准气压高度等。飞行中常用的高度表指示的数据就是根据气压指示的气压高度。

场面气压高度是以起飞机场或降落机场的场面气压为基准面的高度。

修正海平面气压高度是以修正海平面气压为基准面的高度。

标准气压高度是以标准大气压，即101325帕(760mmHg)为基准面的气压高度。

(三)空中领航的基本方法

从早期的地标罗盘领航到现在普遍采用的卫星导航系统，领航方法经历了翻天覆地的变化，但无论采用什么方式领航，其基本方法都是基于地标罗盘领航，只是各种领航参数的获得、处理更加直观、更加智能化而已。

地标罗盘领航就是地标领航和罗盘领航的结合。地标领航是飞行员于飞行前在航空地图上画出所要飞行的航线，并记住航线上所要经过主要地点的地面特征；飞行中，用航空地图同所见地面对照，按辨认出来的地标确定飞机位置、飞行航向和飞行时间。罗盘领航是根据飞行中所测得的领航参数和飞机在风中航行的基本规律，通过推测和计算来确定飞机位置、飞行航向和飞行时间，以引导飞机航行的方法，罗盘领航也称为推测领航。

地标领航是最早、最原始的领航方法，其优点是方法简单可靠，缺点是受飞行地区的地形、季节、昼夜、气象条件，以及飞行高度、速度和座舱环境的影响，在实际应用中有其局限性；罗盘领航是每次航行中必不可少的最基本、最重要的领航方法，其优点是不受天气、昼夜和地区等外在条件的限制，可以在不同的条件下使用，缺点是受设备误差、作业准确性的影响以及推算的积累误差影响。所以在实际应用中，常常把地标领航与罗盘领航相结合，以地标定位为基础，推测计算为主要手段的领航方法，这样的领航方法就叫地标罗盘领航。

民航飞机的每次航行，几乎都是沿预定航线飞行的，例如北京到广州的航线。当航线确定后，首先要解决的问题是，飞机应该保持多少度的航向飞行，才能使飞机沿北京到广州的预定航线飞行？飞行多长时间才能到达目的地广州？即推算飞机沿航线飞行的应飞航向和应飞时间。

飞行前，需要在航空地图上进行地图作业，画出将要飞行的航线，量出航线角，根据气象部门预报的风力风向推算出飞机沿预定航线飞行所应保持的航向——应飞航向(见图3-6)。推算应飞航向的目的就是使飞机的航迹线与预定航线重合，使飞机沿航线准确到达预定地点。

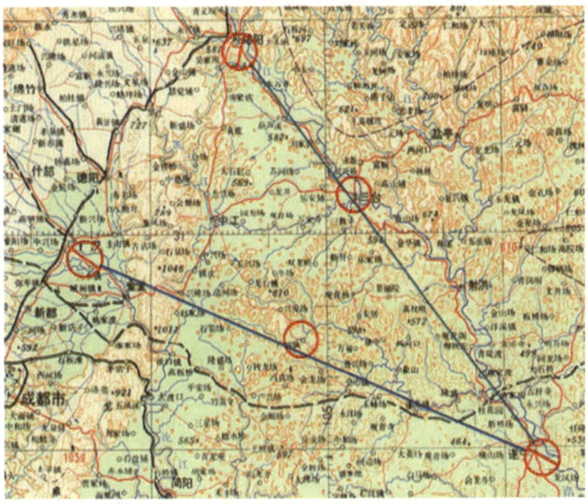

图3-6　地图作业

在无风或顺、逆风的情况下，飞机的航迹与航向一致，机头对向哪里，飞机就能飞到哪里。因此，当飞机准确通过起点时，就应将航向对准目的地，即保持应飞航向等于航线角飞行，飞机就能沿航线飞到预定地点。

在有侧风的情况下，如果飞机通过起点时仍然采取航向等于航线角飞行，由于受侧风的影响，飞机将产生偏流角，航迹线将偏到航线的下风方向，最终飞机将不能飞

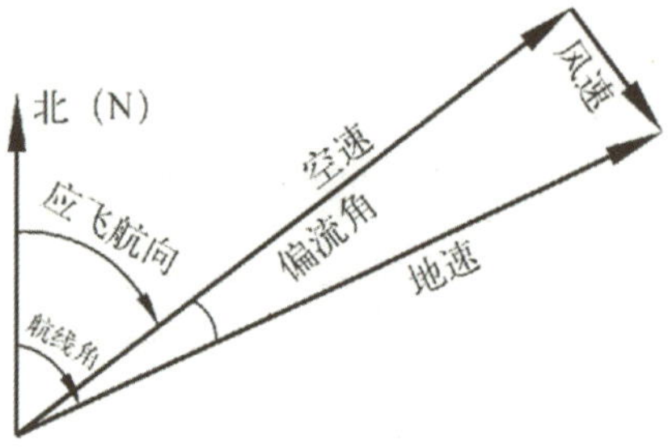

图3-7 应飞航向
应飞航向=航线角-偏流角

到预定地点上空。

飞机在有侧风的情况下飞行，为了使航迹线与航线重合，必须使飞机的航向线向迎风方向修正一个偏流角，即在航线角基础上迎风修正一个偏流角，得到应飞航向(见图3-7)。

由于修正了偏流，虽然航向线没有对向预定地点，但在侧风的影响下，航迹线正好与航线重合，飞机将沿着航线飞到预定地点上空。渡河的小船要想到达对岸，必须将船头对向预定靠岸地点的上游，也是这个道理。

地图作业中还应推算好应飞时间，应飞时间的推算是根据航线距离和飞机地速进行计算的，即

应飞时间=航线距离÷飞机地速

实际飞行中会出现很多偏差，如航行参数保持不好、风力风向变化等都会造成实际飞行与地图作业的差距。为了能及时发现和修正偏差，地图作业时还要在航线中途选择几个较明显的地标作为检查点，计算出飞机从起点(或航线上的其他点)到检查点的应飞时间并量出检查点偏离航线的距离等。飞行中，根据到检查点的实际时间与应飞时间的比较、飞机偏离检查点的位置等判断出飞机偏航情况，在后续航段及时修正。检查点的作用是使飞行员在飞行中偏差较小时，及时发现并修正偏差，避免偏差得不到及时修正而造成的大偏差，甚至迷航。

三、现代飞机的导航设备系统

现代飞机用先进的导航设备系统取代了传统的领航方式，导航设备系统是由地面导航设施和机载导航设备共同组成的。在民航飞机上广义的机载导航设备包括：罗盘系统、甚高频全向信标系统、仪表着陆系统、无线电高度表、测距机以及气象雷达等。

(一)传统的导航设备系统

传统的地面导航设施对于目视飞行来说，主要是指机场上的各种标志和指挥旗帜，为了保障飞机的夜间飞行，一般在机场和机场附近的航路上建立有灯光标志，使飞机在夜间按照一定的灯光指示着陆或起飞。

20世纪30年代，无线电用在导航领域，开始了仪表飞行时代，驾驶员用无线电仪表来准确地确定飞机与地面无线电发射台的方位和距离，从而实现沿着航路点的信标完成飞行。目前在用的地面导航设施主要有：

1.指点信标(Marker Beacon)

指点信标是低功率的无线电发射台，它安置在航路的固定点上，垂直向上发出特定的编码信息，只有飞机经过它上空时，才能收到它的信号，驾驶员以此来确定飞机在航路上的准确位置。

2.无方向信标

也称为中波导航台(NDB)。无方向信标发射单一的中长波，飞机上的自动定向仪(ADF)接收这个信号。自动定向仪的旋转环形天线在正对无线电台时信号最强，这时通过电子线路使天线自动锁定在这个方向上，就可以测出飞机对于这个信标的方位，利用无线电全罗盘指示出来。利用一个中波导航台，驾驶员只能确定飞机的方位，如果测定出相对于两个中波导航台的方位，这两条方位线的交点就是飞机的位置。这样就可以用中波导航台确定飞机的位置。

3.甚高频全向信标系统(VOR)

甚高频全向信标系统是一种无线电测向系统。它由机载的全向信标接收机和地面的全向信标台组成。全向信标台沿航路布置，飞机上的接收机收到信号就可以得出相对发射台的方位角，测出的方位角在无线电指示器上显示出来。其工作频段为108.10~117.90兆赫的甚高频段，故此得名。VOR发射机发送的信号有两个：一个是相位固定的基准信号;另一个是信号的相位随着围绕信标台的圆周角度是连续变化的，也就是说各个角度发射的信号的相位都是不同的。向0°(指向磁北极)发射的与基准信号是同相的(相位差为0)，而向180°(指向磁南极)发射的信号与基准信号相位差180°。

在飞机的接收机上，从接收到信号的射频频率可以确定它是来自哪一个VOR台，由于发射机的天线是定向天线而且在不断旋转，当天线正对飞机时信号强度最强，而当天线与飞机相背时信号强度最弱。飞机上的VOR接收机根据所收到的两个信号的相位差就可以计算出飞机相对于VOR台的方位。

VOR只能向飞机提供方向信息，不能给出飞机与导航台之间的距离，因此VOR通常与测距仪(DME)同址安装，在提供给飞机方向信息的同时，还能提供飞机到导航台的距离信息，这样飞机的位置就可以被确定下来。甚高频全向信标出现于第二次世界大战之后，1949年被国际民航组织(ICAO)选为国际导航标准设备，直到目前VOR仍然是世界上大部分地区的主要航线导航设备。

4.测距仪(DME)系统

它的目的是使飞机通过测量它和测距台之间脉冲电波往返的时间来测出飞机到测距台之间的距离。DME系统由飞机上安装的询问机和地面站台上的应答机组成。机上的询问机向地面发出两个一组的脉冲对，脉冲对到达地面站，地面站上的应答机被触发，应答机随即回送一个频率相同编码的脉冲信号，机上的接收机收到信号后测量出发射及收到脉冲对的时间间隔，由此测出飞机到地面站的直线距离。

(二)现代导航设备系统

现代导航系统主要有惯性导航系统和卫星导航系统。民航飞机用得较多的是卫星导航系统，卫星导航系统是20世纪80年代后期迅速推广的导航方法，它的出现使整个导航系统发生了革命性的变化。目前在用的主要有美国的GPS全球定位系统、俄罗斯的格洛纳斯全球导航卫星系统(GLONASS)和我国的北斗卫星导航系统，下面将逐一介绍。

1.惯性导航系统

惯性导航系统(简称“惯导”，INS)是一种不需要外部信息支持、也不向外部发射信号的自主式导航系统。惯导工作起来有很好的独立性和隐蔽性，被军用飞机、军用舰船等广泛采用。惯导不仅能在包括空中、地面的环境里独立自主地工作，还可以在水下可靠地工作。

惯导的工作原理是以牛顿力学定律为基础，通过测量物体在惯性参考系的加速度，将它对时间进行积分，且把它变换到导航坐标系中，就能够得到在导航坐标系中的速度、偏航角和位置等信息，在预先储存的地图上进行推算，就可得出物体的位置信息，因此属于一种推算导航方式。工作时，从一已知点的位置根据连续测得的物体航向角和速度推算出下一点的位置，因而可连续测出运动体的当前位置。惯性导航系统中的陀螺仪用来形成一个导航坐标系，使加速度计的测量轴稳定在该坐标系中，并给出航向和姿态角;加速度计用来测量运动体的加速度，经过对时间的一次积分得到速度，速度再经过对时间的一次积分即可得到距离。

惯性导航系统有如下主要优点。

第一，由于惯导是不需要任何外部信息的支持，也不向外部发射电磁波的自主式系统，故隐蔽性好、不易受外界电磁干扰的影响。

第二，惯导可全天候、全球、全时间地工作于空中、地面甚至水下，通用性好。

第三，惯导能提供位置、速度、航向和姿态角数据，所产生的导航信息连续性好而且噪声低。

第四，惯导数据更新率高、短期精度和稳定性好。

惯性导航系统的主要缺点有:

第一，由于导航信息是经过积分计算得出的，定位误差随时间而增大，长期精度差。

第二，每次使用之前需要花费较长的时间进行初始对准。

第三，设备的价格较昂贵。

第四，不能给出时间信息。

2.GPS全球定位系统

GPS是全球定位系统(Global Positioning System)的简称，中文简称为“球位系”。GPS是20世纪70年代由美国陆海空三军联合研制的卫星导航定位系统。其主要目的是为陆、海、空三大军事领域提供实时、全天候和全球性的导航服务，并用于情报收集、核爆监测和应急通信等军事目的，是美国独霸全球战略的重要组成部分。经过20余年的研究实验，耗资300亿美元，到1994年3月，全球覆盖率高达98%的24颗GPS卫星已布设完成(见图3-8)。

图3-8 GPS导航卫星

GPS由空间部分、地面部分和用户设备部分构成。

GPS的空间部分由24颗工作卫星组成，它位于距地球表20200千米的同步轨道上，均匀分布在6个轨道面上(每个轨道面4颗)，轨道倾角为55°。此外，还有3颗有源备份卫星在轨运行。卫星的分布使得在全球任何地方、任何时间都可观测到4颗以上的卫星，并能在卫星中预存导航信息。

GPS的地面部分是指地面控制系统，由监测站(Monitor Station)、主控制站(Master Monitor Station)、地面天线(Ground Antenna)所组成。主控制站位于美国科罗拉多州春田市(Colorado Spring)，地面控制站负责收集由卫星传回的信息，并计算卫星星历、相对距离、大气校正等数据。

GPS用户设备部分即GPS信号接收机(见图3-9)，其主要功能是能够捕获到按一定卫星截止角所选择的待测卫星，并跟踪这些卫星的运行。当接收机捕获到跟踪的卫星信号后，就可测量出接收天线至卫星的距离和距离的变化率，解调出卫星轨道参数等数据。根据这些数据，接收机中的微处理计算机就可按定位解算方法进行定位计算，计算出用户所在地理位置的经纬度、高度、速度、时间等信息。

图3-9 GPS信号接收机

GPS导航系统的基本原理是测量出已知位置的卫星到用户接收机之间的距离，然后综合多颗卫星的数据就可知道接收机的具体位置。

GPS有高精度、全天候、高效率、多功能、操作简便、应用广泛等主要特点，使之在陆地、海洋和航空航天领域都有广泛应用。陆地应用方面主要包括车辆导航、应急反应、大气物理观测、地球物理资源勘探、工程测量、变形监测、地壳运动监测、市政规划控制等；海洋应用主要包括远洋船最佳航程航线测定、舰船实时调度与导航、海洋救援、海洋探宝、水文地质测量以及海洋平台定位、海平面升降监测等；航空航天应用主要包括飞机导航、航空遥感姿态控制、低轨卫星定轨、导弹制导、航空救援和载人航天器防护探测等(见图3-10)。

3.格洛纳斯全球卫星导航系统

格洛纳斯全球卫星导航系统(GLONASS)是由前苏联国防部独立研制和控制的第二代军用卫星导航系统，与美国的GPS相似，该系统也开设民用窗口。GLONASS技术可为全球海陆空以及近地空间的各种军民用户全天候、连续地提供高精度的三维位置、三维速度和时间信息(见图3-11)。

图3-10　汽车用GPS信号接收机

图3-11　GLONASS导航卫星

格洛纳斯全球卫星导航系统(见图3-11)标准配置为24颗卫星，包括21颗工作星和3颗备份星，分布于3个圆形轨道面上，轨道高度19100千米，倾角64.8°　。

图3-12　发射GLONASS卫星的质子火箭

4.北斗卫星导航系统

北斗卫星导航系统是我国自行研制开发的区域性有源三维卫星定位与通信系统(CNSS)，是除美国的全球定位系统(GPS)、俄罗斯的格洛纳斯全球卫星导航系统之后第三个成熟的卫星导航系统。北斗卫星导航系统(见图3-13)致力于向全球用户提供高质量的定位、导航和授时服务，其建设与发展遵循开放性、自主性、兼容性、渐进性四项原则。

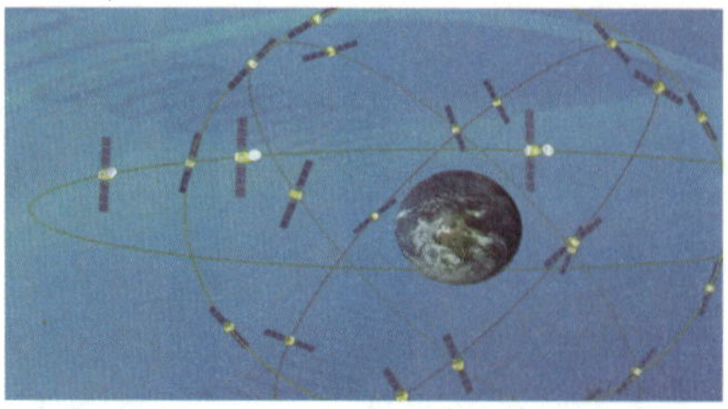

图3-13　北斗卫星导航系统

北斗卫星导航系统也是由空间端、地面端和用户端三部分组成。空间端包括5颗静止轨道卫星和30颗非静止轨道卫星，为用户提供开放服务和授权服务两种方式的服务。开放服务是在服务区免费提供定位、测速和授时服务，定位精度为10米，授时精度为50纳秒，测速精度为0.2米/秒。授权服务是向授权用户提供更安全的定位、测速、授时和通信服务以及系统完好性信息。地面端包括主控站、注入站和监测站等若干个地面站。用户端由北斗用户终端以及与美国GPS、俄罗斯GLONASS等其他卫星导航系统兼容的终端组成(见图3–14)。

图3–14 北斗系统的应用

我国在2000年10月31日成功发射北斗系统的第一颗“北斗一号”卫星，2010年12月18日，已成功发射7颗北斗导航卫星，2012年12月27日，“北斗”系统正式对亚太地区提供无源定位、导航和授时服务，2020年左右将覆盖全球。该系统已成功应用于测绘、电信、水利、渔业、交通运输、森林防火、减灾救灾和国家安全等诸多领域，经济效益和社会效益显著。

欧盟也在研制和建立卫星导航系统，命名为家伽利略卫星导航系统(Galileo satellite navigation system)，系统将发射30颗在轨卫星，建成后将成为全球第四大卫星导航系统。

第二节 气象对飞行的影响

图3-15机场大雾

飞机在大气中飞行，气象条件变化将导致大气条件发生显著变化，直接影响到飞机的性能，甚至影响到飞行安全。大多数情况下，气象条件并未造成直接的飞行事故，但经常会造成航班飞行不正常(航班延误、航班取消等)，引起乘客的不满和投诉(见图3-15)。

小资料

《东南快报》2011年××月××日报：

昨日，从福州长乐机场飞往成都(途经长沙)的一航班因天气原因延误，百余名乘客在机场苦等了近7个小时。

昨日上午，刘女士准备搭乘12时15分起飞的航班回长沙。到了机场后，她才知道因天气原因，飞机还没到达机场，100多名乘客在机场等候。

下午3时许，飞机到达机场，工作人员安排乘客们登机。原以为飞机很快就能起飞，但没想到，这些乘客在机上等了1个多小时后，工作人员又让他们下了飞机。

工作人员解释，因长沙出现大雾天气，飞机暂时还不能起飞。刘女士说，直到当晚6时许，仍不见有工作人员通知他们何时登机。

“为啥其他飞往长沙的航班都起飞了，而我们却迟迟不能登机?”刘女士说。

对此，长乐机场的工作人员表示，确实是天气原因导致该航班延误，但该航班何时能起飞，她却不知情。因每家航空公司对适合起飞的天气要求不一样，所以才会有飞往相同地点的航班有些起飞了，而有些还未起飞的事情发生。

从国际民航近13年飞行事故统计来看，事故年平均为36起，近13年因气象原因造成的飞行事故共160起，年平均为12.3起，占总事故数的1/3，在飞行事故9类原因中占第二位。据国内1980—1994年统计，与气象有关的飞行事故占总事故的12.2%。

最直接影响飞机操纵和飞行安全的航空气象因素，大致可归纳为风、云、能见度、气温、降水以及其他显著危害天气，如飞机结冰、乱流、雷暴、颠簸、风切变、浓雾所引起的低能见度等。

一、风

风是由于地球运动、大气层中温度不同和大气压力不同等原因使空气在不同方向上流动而形成的。空中风导致飞机空速与地速的大小和方向产生差异，如果没能及时准确修正将导致飞机偏航;起落过程地面阶段风将影响到飞机的空速，从而影响到飞机的升力和操纵，严重时还将造成事故。因此，飞行员随时都要考虑风的影响。

对于高速飞机来说风的影响相对较小，对低速飞机的影响较大，因此对低速飞机所有飞行过程、高速飞机在起飞着陆阶段，飞行员都需要考虑风的影响，在起飞和着陆时飞行的速度低，要更多地考虑风的影响，增加安全系数。侧风时的起落，飞行员必须考虑侧风会使飞机的航迹偏离跑道中心线造成飞机偏出跑道，必须作出相应的修正，当侧风的风速大过一定速度时，则不能起降。在巡航飞行时，顺风会使地速增加，从而使飞行的时间和燃油大量节约，因而在巡航时，驾驶员会力争在有利的风向高度上飞行。例如，飞机在无风情况下以每小时500千米的速度飞行，飞行3000千米需要6小时，如果在时速50千米的顺风中飞行，仅需5小时27分，约可节省10%的时间和燃料。

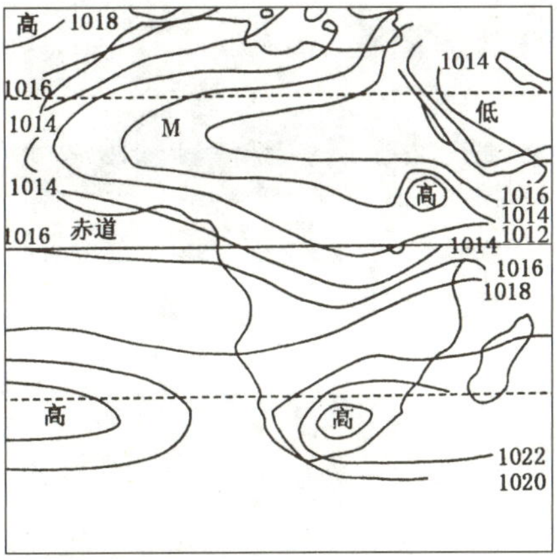

图3-16　气象图上的等压线

全球大气的运动决定了地球上主要的风，地球大气层的总体运动有三个方面：第一是由于太阳的辐射造成赤道和两极的温差，低空冷空气由两极流向赤道，而在高空空气则由赤道流向两极。第二是由于地球的自转产生了对运动空气的附加力，这种力也称哥氏力，使空气运动的方向改变。第三是由于地面各位置的空气压力不同造成的压力梯度。我们在天气图上用等压线表示，空气总是从高压区流向低压区，在流动中有一些空气围绕着高压区或低压区转动就形成了气旋，这3种力量形成了地球上面的3种循环区(见图3-16)。

第一个区域从赤道到南、北纬30°，在0°至北纬30°盛行东北信风，0°至南纬30°盛行东南信风。第二个区域是南北纬的30°~60°之间，在这两个区域中都形成一个西风主风带，并经常按季节出现台风、暴风雨等。在纬度60°以上地区，由于极地寒冷，空气气团下降，这里形成高压区，风向是从极点外吹去，这种常年的风向，决定了世界各地的主风向，主风向是修建机场时选择跑道方向的主要因素之一。

在中等纬度范围内，我们遇到的空气运动是由相同温度和湿度的空气组成一个整体气团的运动。在极地海洋生成的气团是冷而潮湿的，极地大陆上生成的气团是冷而干燥的，在热带海洋上的气团是热而潮湿的，热带大陆上的气团是热而干燥的。冷气团和热气团相交形成锋面，如果是热气团进入冷气团称为暖锋，反之则称为冷锋，锋面运动将带来大风和气温的变化。这是一种对航空很重要的气象情况，暖锋面由于热空气在行进中和冷空气相遇时向上移动，从而形成一个倾斜向上的界面，这一个界面可以延伸上百千米，因为热空气中的水分遇冷凝结，在这一带中就形成很大的雾区和雨区。一般目视飞行的飞机要避开暖锋，对于仪表飞行的飞机也要绕开暖锋形成的强降雨区。冷锋是由于冷空气移动，它移动得比热空气快，因而带来大风。同时，热空气上升会带来雷雨天气和气流的颠簸，冷锋一般时间较短。

图3-17 香港启德机场飞机坠海

1993年11月4日，香港启德机场，因受到轻度台风埃洛(Ira)向西北方向移动接近香港且香港位在台风右前部的影响，当时机场跑道雨势及侧风极为强劲，上午11：00风向为70°，风速为21节，阵风34节，上午12：00风向、风速为70°、21节，阵风40节，天气状况非常不好，跑道积水。中华航空公司CI-605班机B747-400型飞机于当天上午11：30左右朝向十三号跑道降落时，侧风加上湿跑道等缘故，造成飞机冲出跑道而坠入于海中，所幸机上296名乘客和机组人员全部获救，未发生重大伤亡事故，唯有旅客23人受伤，飞机全部报废(见图3-17)。

二、云

云是由空气中的水蒸气凝聚成的悬浮在空中的小水滴，从形状上可以分为积云和层云。

积云按高度分为低云(距离地面2000米以下)、中云(距离地面2000~7000米)、高云(距离地面7000米以上)和垂直延伸云(从300米一直延伸到平流层底部)；积云按水滴的浓度可分为积雨云、浓积云、淡积云。积雨云和浓积云的底部和周围都有强大的气流(见图3-18)，因而在这些区域飞行是不稳定的，而云的上面气流是平稳的。浓积云特别是积雨云中有强烈的对流和降水、雷电等恶劣气象，对飞行影响较大。层云中气流比较稳定，没有明显的对流，对飞行影响较小(见图3-19)。

图3-18 积雨云底

图3-19 层云

云对飞行的影响主要有：云底高度很低的云影响飞机的起降；云中能见度很低，影响目视飞行；云中的过冷却水滴容易使飞机积冰；云中的湍流造成飞机颠簸；云中明暗不均容易使飞行员产生错觉；以及云中的雷电损坏飞机等。

三、能见度

能见度是指观察者在白天辨认物体、在夜间辨认灯光的距离，用千米或米来表示。在空中能见度分为水平能见度、垂直能见度和斜视能见度。

能见度也表示了在天空飞行的飞机之间的能见距离，因此对于目视飞行来说，能见度是允许飞行的重要依据之一，对于仪表飞行的飞机来说，尽管在空中可以用仪表和雷达保持飞行，它仍然受着能见度的限制，只是限制相对较小。在地面上能见度可以用地面标准作为参照物判断距离，而在空中由于没有参照坐标，因而能见度在很大程度上靠飞行员主观判断。一般说的能见度都是指地面能见度，主要是对跑道的辨别距离。

对能见度影响最大的是空中的雾和烟，其他如风沙、雨雪对能见度都有影响。

四、降水

天空中的降水现象包括雨、雪、雹等形式。而降水形成的雨、雪、冰雹取决于上空云层的垂直温度和地面温度分布情况。

降水对飞行的影响有：降水使能见度减小；过冷却雨滴会造成飞机积冰；降水产生的碎雨云影响飞机起飞和着陆；大雨下方容易出现较强的下降气流；大雨和暴雨能造成发动机停车；大雨恶化飞机的空气动力性能；降水影响跑道的使用等。

小资料

图3-20　烟台机场积水，工作人员推飞机

2007年8月8日至12日，山东烟台普降大到暴雨。12日凌晨6时，局部地区突然出现持续强降雨，烟台国际机场停机坪水深达50厘米左右，国际候机楼进水深度达15厘米，机场全线关闭，45个航班被取消，旅客全部及时疏散。

8月12日至13日凌晨，烟台国际机场动用了11台水泵连夜排水，奋战到凌晨4时30分，直到积水消退，经检查，机场达到运行标准，于8月13日5时30分开放(见图3-20)。

飞机在积水的跑道上滑行时，可能产生滑水现象，使飞机方向操纵和刹车作用减弱，容易冲出或偏离跑道。各类飞机都可产生滑水现象，但以喷气运输机发生最多。

2004年10月8日，在孟加拉国首都达卡市东南192千米的席尔赫特市，一架飞机在被雨水浸湿的跑道上滑跑后不久因为紧急刹车而机身发生倾斜，冲出跑道，导致几人受伤。这架飞机搭载有87名乘客，其中包括5名机组人员(见图3-21)。

图3-21　孟加拉国飞机冲出跑道

五、气温

气温将会影响大气密度，从而影响飞机起飞、着陆性能。气温高时空气密度低，飞机在同等速度下产生的升力较小，起飞滑跑距离、着陆滑跑距离都会增加。同时，空气密度小也将导致发动机效率降低，产生推力小，造成起飞滑跑距离增长。因此，夏天飞行时飞行员应注意到气温的影响，在跑道长度不能满足飞机正常的载重量所需时，应减少飞机的载重来确保飞行安全。

六、其他显著危险天气

(一)飞机积冰

飞机飞行经过冷却的云层或云雨区域时，机翼、尾翼、螺旋桨、进气道、风挡和空速管等部位，常会积聚冰晶，多者可能厚至数厘米(见图3–22)。

图3–22 飞机积冰

哪些区域最容易使飞机积冰呢？飞机在气温0~–10℃之间的高度上飞行，机体上最容易积冰。云中最易见到有液态水滴，尤其是积状云中如浓积云、积雨云和层积云等，此时空中水滴常在凝固点以下而不结冰仍保持液态，就是所谓的过冷却水滴，飞机飞过，空气受扰动，过冷却水滴立刻结冰附着于机体上，数秒钟内机体上就会有严重的积冰。空气中若湿度大，含有过冷却水，容易构成升华作用，飞机穿越其间，空气略受扰动，迅速凝聚积冰。虽然晴空无云，但是在结冰高度层上方，气温与露点温度十分接近时，飞机积冰的可能性仍然存在。

飞机积冰后可造成以下危险：机翼和尾翼积冰，将破坏飞机气动外形，致使飞机最大升力系数下降、阻力增大，失速迎角明显减小，易造成飞机失速；螺旋桨积冰致使其外形改变，将导致拉力下降，发动机振动；喷气式发动机进气道积冰，可能导致进气不畅，引起发动机喘振，冰块脱落后进入发动机，还可能损坏压气机和涡轮叶片；飞机空速管积冰，会导致全静压系统指示异常(高度表、空速表等)，甚至完全不能指示；飞机天线积冰，会导致无线电及雷达信号失灵。

虽然现代飞机在易积冰部位已有防冰、除冰装置，可克服上述飞机积冰的问题，但是飞机仍然需要避开易积冰区域以防止加温不及时而瞬间积冰，造成危险。

小资料

1994年10月31日，当地时间约下午4点，美国西蒙斯航空公司的4184航班从印第安纳波利斯飞往芝加哥。飞机在易积冰的大气条件下空中等待了30分钟，突然发生翻滚并从约3000米的高度坠下，猛冲入ROSELAWN附近的农田里，造成68人死亡。

(二)颠簸

颠簸是指飞机在扰动气流中飞行时产生的震颤、上下抛掷、摇晃、摆头等现象。形成颠簸的原因主要是大气层中空气有不稳定气流的上下运动，这种气流称为“湍流”，飞行在这样的气流中，飞机会发生明显抖动。颠簸强烈时，甚至会让飞行员难以准确操纵飞机，或者使飞机结构遭到破坏，造成机毁人亡的事故。颠簸使机身震颤，会使进入发动机气道的空气量显著减少，严重时会造成空中停车。

图3-23　云中飞行遇到颠簸

飞机颠簸情况有很多，一般在云中飞行时或穿越锋面时，都会遇到颠簸，尤其进入积雨云或浓积云中，由于云中有强烈的对流，颠簸往往会很严重(见图3-23)。还有一些时候，晴空万里的情况下，也会产生“晴空颠簸”。

小资料

1992年5月22日，一架波音767飞机从上海飞往北京，在济南以南90千米、9000米高空，遇到强急流和晴空颠簸，造成4名乘务员和多名旅客受伤。

2002年1月25日，南航一架波音757飞机执行深圳—武汉航班任务，当飞机下降至7800米时，突然遇到严重颠簸，导致1名乘务员受伤，5名乘客因惊吓到医院检查。

2009年5月16日，国航西南分公司的空客A-319客机在9200米高度巡航时突然遭遇强烈气流，飞机转入上升，与相对飞行高度9500米的一架国航飞机发生冲突，触发TCAS的RA警告，机组按RA指令下降避让，期间伴有3次重度颠簸共持续大约20秒，飞机曾出现最大垂直和侧向载荷2.62G和0.42G。颠簸造成13名旅客和3名乘务员身体不适或受伤。

(三)雾

雾从原理上说是靠近地面的云，它能使能见度下降，有时甚至使能见度降为零，因此，它是对航空危害很大的一种气象因素。雾的形成有三个条件：一是空气有足够的湿度；二是空气中有一定数量的微粒作为凝结核；三是温度下降。

浓雾降低了人类眼睛所能看到的距离，飞行员在低能见度情况下，起降时常看不清跑道。为了避免浓雾影响飞行安全，目前机场和飞机上都装有完善的着陆系统，由仪器来辅助飞机起降，同时由航空气象单位提供浓雾所引起的低能见度数据，若能见度低于起降天气标准，适时将机场关闭，等待浓雾消散，能见度转好，机场再开放。

小资料

1977年 3月27日，在距离西北非海岸七十海里的卡纳利群岛洛罗狄奥机场(Los Rodes)发生浓雾，能见度只有500米，当时机场停满飞机，其中有荷兰航空4805班机和泛美航空1736班机，两架波音 747型飞机都载满旅客，荷航飞机正准备起飞、泛美飞机刚刚着陆。荷航飞机在跑道上起飞时，撞上正在跑道上掉转、尚未转入滑行道的泛美航空飞机，造成577人罹难的大悲剧。事后调查失事原因认为荷航飞行员没有获得塔台起飞的许可，擅自加速起飞，可能是荷航要求起飞时，塔台回答“稍待给你起飞许可，我会再呼叫你”，荷航飞行员在无线电通话中可能只听到起飞许可几个字句，而误以为已获得起飞许可；塔台要求泛美航空班机报告脱离跑道，班机回答“脱离跑道时会报告”，塔台在无线电通话中，可能又误以为泛美班机已脱离了跑道；当时塔台要泛美班机在第三号斜滑道和跑道交叉处脱离跑道，那个时候第一号斜滑道被其他飞机挡住，在浓雾中看不清第一号斜滑道，泛美飞行员将第四号斜滑道误以为塔台要其转弯的“第三号斜滑道”，使得泛美班机无法及时脱离跑道。失事调查认为十几种巧合凑在一起，只要其中一项错开，就可避免这次的大灾难。但最重要的是如果当时浓雾没有发生，荷航飞行员可看到跑道上的泛美飞机，也许这次大悲剧就不会发生了。

思考与练习

1.什么是领航?领航在飞行中所起的作用是什么?

2.什么是航向线?什么是航向?

3.列举你所知道的飞行高度种类。

4.空速和地速有何区别?

5.在有侧风的情况下，飞机机头正对预定地点飞去，能否飞到预定地点上空?如有偏航，飞机将偏向哪个方向?

6.地标罗盘领航的基本程序是什么?

7.传统的导航设备有哪些?

8.现代主要导航系统有哪些?

9.GPS导航系统的基本原理是什么?

10.北斗卫星导航系统由哪几部分构成?

11.影响飞机飞行的主要气象因素有哪些?

12.云对飞行的影响主要有哪些?

13.降水对飞行的影响主要有哪些?

14.飞机积冰可能造成什么样的危害?

第四章

空中交通管理

学习目标

1.了解空中交通管理的一般概念。

2.了解空中交通服务的目的与内容。

3.了解空中交通管制服务的目的与内容。

4.了解航行情报服务的目的与内容。

5.了解空域管理与流量管理的目的与内容。

6.了解新航行系统。

第一节
空中交通管理概述

在浩瀚的天空中自由翱翔的飞机数量多了、速度快了，也会和地面的车辆一样造成交通混乱，因此空中交通也需要有专门的部门和人员来进行规范管理。这个管理空中交通的工作最初叫做“航空管制”，后来称为“空中交通管理”。

一、空中交通管理的发展阶段

空中交通管理从出现到现在共经历了四个阶段。

第一阶段(1934年以前)：航空活动初期，由于飞机数量很少，没有空中交通管理的概念，但随着商业飞行的开始，航空运输涉及的范围和人员越来越多，因而对飞行活动要求能按一定的规则来组织进行。

20世纪30年代以前，飞机的飞行距离最多只有几百千米，而且只能在昼间并且天气条件允许的情况下飞行，因而按照看见和可以看见的原则制定了目视飞行规则。

到了20世纪30年代后期，随着飞机飞行性能的提高，无线通信设备在飞机上的使用，以及地面导航设备的安装，飞行员可以在看不到地标和其他飞机的情况下进行飞行。在繁忙的机场，飞机活动量很大，这就需要有一个管理人员(后称为空中交通管制员，简称“管制员”)，确保空中交通的安全有序运行。当时的管制员只是用红旗和绿旗来控制飞机的起飞和着陆，但受天气和夜间的影响，很快由信号灯取代了信号旗，机场的最高建筑物塔台也相继建立。在1934年前后，机场装备了无线电收发机，一些大型飞机也装备了通信设备，管制员通过无线电和飞行员相互通话，确保安全飞行。

第二阶段(1934–1945年)。在1934年前后，出现了载客量在20人以上、飞行速度达到300千米/时的飞机，机上装备了无线电通信和导航设备，可使飞行员在不用看到地面的情况下确定飞行的姿态。目视飞行规则已经很难满足需要，因而各航空发达的国家纷纷成立了空中交通主管机构，建立了使用仪表进行安全飞行的规则，并沿航路建立了航路交通管制中心。这些管制单位的任务就是接收各航站发来的飞行计划(含后来更新的内容)，再根据飞行员的位置报告将其填写在飞行进程单上，然后确定飞机间的相互位置关系，发布指令、实施管理，这种管制方法通常称为程序管制。与此同时各国的航空管理当局都建立了相应的规定，并建立起全国规模的航路网和相对应的航站、塔台、管制中心或航路管制中心。以程序管制为核心的空中交通管制在这一时期形成。

第三阶段(1945年至20世纪80年代)。第二次世界大战带来了航空技术的飞跃进步，飞机的航程加长、载重和速度都大幅增长，迫切需要一个组织能把全世界的航空法规大体统一在一个共同的标准之下。在此背景下，1945年成立了国际民航组织。这个时期空中交通管制有两个重要的进展：

一个是在20世纪50年代中期开始把战时发展起来的雷达技术应用于空中交通管制领域，随后出现了二次雷达系统，可以在管制员屏幕上显示出飞机的编号、高度、速度等参数，再加上陆空通话系统的发展，促使重要的地区用雷达管制取代了系统的程序管制。随着雷达覆盖面的不断扩大，目前雷达管制已经成为空管的另一个重要手段，但雷达费用较高，因此在一些偏远地区和不发达国家，程序管制仍是空中交通管制的主要手段。

另一个大的进展是仪表着陆系统的出现，该系统使用无线电信号引导飞机在能见度和云底高度很低的情况下安全着陆，极大地提高了航班正常率和飞机安全性，同时也使航空运输进一步摆脱了天气的限制。

第四阶段(20世纪80年代以后)。在这一时期，航路流量越来越大，造成机场和航路的拥挤，要充分利用航路，就要求实时地对整个航路网和航行系统进行管理。同样在这一时期，随着电子技术的飞速发展和计算机在机载设备和空管地面设施上的广泛应用，卫星通信和定位技术的成熟，使得飞行员、管制员和各种支援单位、决策机构可以实时地了解飞机地准确位置并进行通信，因而在大范围对空中交通进行管理有了实现的可能。在20世纪80年代提出了空中交通管理的综合概念，以取代空中交通管制，这一字之差体现了空中交通管理范围和深度的不同。空中交通管制的目的只是保证一次航班从起飞机场经航路到达目的地机场的间隔和安全，而空中交通管理则是着眼于整个航行网上空中交通的通畅、安全和有效运行。这样空中交通管制就成为空中交通管理的一个重要组成部分。卫星和计算机网络技术在空管系统的应用，使整个空管系统和正在飞行的飞机组成一个可以实时处理的自动信息交换系统，因而可以在大范围内使空中交通按照总体的调度和安排顺利进行。从1985年开始，国际民航组织根据新技术的发展，组织了对未来航行系统的研究和规划，预计到21世纪初期，整个空中交通管理系统将发生重大的变化。

二、空中交通管理的任务和组成

空中交通管理的基本任务是：使航空公司或经营人能够按照原来预定的时间，同时，在实施过程中，以最少(小)程度的限制，保证航线网络安全、有序的运行。例如，在考虑到整个航线网络的飞行量后，空中交通管理可以使飞机在起飞机场就得到控制，以避免飞机起飞后在空中出现无谓的等待、盘旋，或使用不经济的飞行高度层而造成燃油损耗。

空中交通管理组成部分有：空中交通服务(ATS)、空域管理(ASM)，空中交通流量管理(ATFM)。其中，空中交通服务是最主要的一部分。

第二节 空中交通服务

与其他的交通运输方式一样，空中交通也要求管理和服务以保证安全、有序地运行。由于空中交通本身所固有的一些特点，在向航空器提供服务时，有两个特殊要求：一是，一旦空中交通开始实施或运行，它就不可能无限期地在航路上消磨或延误，中止的方式就是使航空器降落，否则将面临无油或缺油，导致效益急剧下降、成本增加甚至发生事故；二是，空中交通与其他交通方式相比越来越被赋予国际性的特点，它不仅标志着一个地方的社会经济发展水平和文明程度，而且会对周边广阔邻域产生巨大的影响，因而要求空中交通服务需要一个国家范围的机构大体按国际共用的准则提供服务。这两个特点之间具有强烈的关联性，基于空中交通所呈现的这两个特点，客观上需要提供高质量的服务，为空中交通安全、有序地运行创造良好的环境。

一、空中交通服务的目标

第一，考虑到空域使用现状，采用一切可用的间隔，发布指令，防止空中的航空器相撞，防止出现各种事件(差错、严重差错、危险接近等)。

第二，利用一切手段，包括使用地面活动雷达等，切实采取措施，防止飞机和障碍物(可以是地面停放的飞机等)在起飞、着陆及其相关区域出现相撞等事故或事件。

第三，对空域内飞行的航空器进行切实有效的管理，准确地掌握飞行动态，确定航空器之间的相互关系，找出事关飞行冲突调配的主要航空器，利用合理的间隔标准，及时发布指令，实现加速空中交通流量、维持良好运行秩序的目的。

第四，为使航空器安全、有序地运行，向其提供各种建议、情报、信息来避开危险天气及各种限制性空域。

第五，在航空器遇险或需要提供搜寻、救援服务时，通知各保障单位及时开展工作。

二、空中交通服务的组成

空中交通服务由三部分组成，如下所述。

（一）空中交通管制服务（ATC）

空中交通管制服务是空中交通服务的主要方面，它又包括三部分：区域管制服务、进近管制服务和机场管制服务。

（二）飞行情报服务（FIS）

通常由区域管制单位代替完成，但在有些地区，考虑到飞行量大、飞行组成复杂等现实情况，可成立专门的机构由专门的人员从事该项工作。最常见的情报提供方式是航站终端自动情报通播(ATIS)。

飞行情报服务还包括空中交通咨询服务(ATAS)，它是在空中交通咨询空域内，为按照仪表飞行规则飞行的航空器尽可能提供的一种间隔服务，它被视为从飞行情报到空中交通管制服务的一种临时的过渡性服务。在这期间，有关单位为了未来的过渡，需要做好人员、设备等方面的大量准备。目前我国暂不提供该服务。

（三）告警服务（AS）

当航空器处于搜寻和救援状态时，涉及向有关单位发出通知并给予协助的服务。它既不是一项孤立的空中交通服务，也不是某一专门机构的业务，而当紧急状况如发动机故障、无线电通信系统失效、座舱失压等出现或遭遇空中非法劫持时，由当事的管制单位直接提供的一项服务。

三、间隔标准

空中交通服务的主要目的之一是保证任何两个航空器之间有足够的距离，防止航空器危险接近和相撞。这既是空中交通管制的基础，也是空中交通管制人员的基本任务。由于航空器的航向、速度、高度不同，因此必须制定一套国际通用的航空器在空中相互距离的规定，这些规定的距离(时间)称为间隔标准，是在空中交通管制过程中将航空器在纵向、侧向和垂直方向隔开的最小距离。这些标准是最低限度的要求，因此被称为最低间隔标准。由于从事空管的人员都明白“最低”的含义，故习惯上称为间隔标准。

在繁忙的空港上空和航路上，航空器的密度很高，合理地制定和运用间隔标准，除了要保证安全和有序地飞行外，也要考虑能使空中交通迅速和便利，从而保障空域使用者的经济效益。

根据空中交通管制手段不同，可把管制方式分为程序管制和雷达管制，这两种管制方式使用的间隔标准也是不同的。

间隔标准分为两类：垂直间隔和水平间隔

（一）垂直间隔

高度层(Flight Level，FL)：以国际标准大气760毫米汞柱(101325帕)为基准，按每100英尺作为一个高度层，称为飞行高度层，以此来表示在垂直间隔上的飞行高度。例如，在18000~18100英尺之间的高度称为180高度层，写做FL180。这样表示的好处是避免了由于气压设定不同而带来的高度表随着气压的变化导致的波动和混淆。用一层高度来表示飞行高度，也保证了飞行中的高度上有一定的误差范围。

垂直间隔用高度层区分，称为高度层间隔。

高度层间隔的国际通行标准是：29000英尺(8850m、FL290)以下(含29000英尺)，每2000英尺(600m)为一个顺向高度层。FL290以下，磁航迹在0°～179°的飞机使用的是奇数高度层；磁航迹在180°～359°的飞机使用的是偶数高度层。确保了不同航迹的飞机至少有1000英尺的垂直间隔。

29000英尺(8850m、FL290)以上，每4000英尺(1200m)为一个顺向高度层，不同航迹的飞机至少有2000英尺的垂直高度间隔。

北大西洋上空已取消FL290的限制，在整个空域内，两航空器之间采用1000英尺的间隔。

随飞行高度增加，大气压力降低，高度表灵敏性变差、误差变大，因此需要高度层间隔变大。随着制造工艺提高，高度表测量精度提高，为更充分有效地利用有限的航线，垂直间隔可以随之缩小。

（二）水平间隔

水平间隔包括横向间隔和纵向间隔。横向间隔指的是航空器侧方的最低间隔距离；纵向间隔是指使用同一航道和在机场起飞和进近时的间隔规定，由于航空器的飞行速度不同，因而纵向间隔要和飞行速度、航空器通过某一地点的先后联系起来。纵向间隔可以用时间来间隔，也可以用距离来间隔。

用时间来间隔要涉及航空器越过报告点的位置的准确性、报告位置的次数和间隔、时钟的准确性等。如果飞机使用测距仪(DME)定位，就可以使用距离间隔，同一航迹上飞机间隔为20海里。如果前面飞机的速度比后面飞机的速度大40千米/时以上，间隔可下降为10海里。

以上我们仅仅列出了国际民航组织对间隔标准的部分推荐规定，在我国，根据空域的不同，机场设备条件、航路情况的不同，对不同情况的间隔标准有着详尽而严格的规定。

四、飞行规则

正如地面交通有交通规则一样，空中交通也有飞行规则，只有空中交通的使用者和管理者共同遵守和依据这些规则操作，才有可能保证空中交通安全有序地进行。

飞行规则分为三个部分：通用飞行规则、目视飞行规则和仪表飞行规则。通用飞行规则是任何情况下飞行都必须遵守的共同飞行规则，是飞行的基础，有的已经成为飞行常识，但是在实践中仍然有很多时候因忽略这些规则而造成事故和损失。飞行中，除完全遵守通用飞行规则外，如果是目视飞行还应遵守目视飞行规则，仪表飞行还应遵守仪表飞行规则。

（一）通用飞行规则

通用飞行规则主要包括以下五个方面。

第一，保护人身和财物的安全。飞行除特殊允许或紧急情况下，不得在稠密居民区上空进行，机上不得下抛任何物体，不得拖曳其他物体或作特技飞行。

第二，避免碰撞。航空器不得飞近到与另一个航空器有可能相撞的区域，除特殊允许，不得到禁区飞行；航空器在保证安全的情况下实行右侧通行权，在超越时要按规定进行；飞机必须按规定装有防撞灯和航行灯；在机场附近要按机场上空规则飞行。

第三，飞行计划。每次飞行都要向空管部门递交飞行计划。

第四，时间使用。民用航空统一使用世界协调时，使用24小时制计时。

第五，空中交通管制的要求。飞机的任何飞行必须获得空管许可后才能进行。如果飞行人员因某些情况不能利用这个许可，可以和空中交通管制人员请求再许可；在空中管制飞行中规定的报告点，航空器必须尽快报告飞越的时间、高度，在没有设定报告点的区域，飞行人员定时向空管单位报告位置。

（二）目视飞行规则（Visual Flight Rules, VFR）

执行目视飞行规则的基础是飞机对其他飞机和地面相互能看见，因此目视飞行规则就和天气情况、特别是能见度紧密相连，对于最低的能进行目视飞行的天气制定了目视飞行气象条件(Visual Meteorological Conditions，VMC)，在这样的气象条件下能保证目视飞行规则所要求的飞行能见度为最低云层外1500米，以保证飞行员有适当的条件看到其他飞机或障碍物，避免相撞。如果气象条件低于VMC的要求，就禁止使用目视飞行规则的飞行。

目视飞行规则对飞行员的限制较少，只要求有基本的飞行和通信技能，对飞机的仪表要求也仅限于保证安全飞行的基本仪表。由于飞行在可见的条件下，目视飞行规则的防撞和间隔距离也较少，有时甚至给飞行员一定的灵活性。对低速、低空飞行的飞机和在飞行不稠密地区飞行的飞机的限制也相应放宽。没有装备足够仪表的低高度飞行的小型飞机，只能在气象条件允许的前提下采用目视飞行规则飞行。此外，在机场上空，在气象条件许可时，有时一些大型飞机也会采用目视飞行规则，目视飞行在空中交通管制中只占有工作量的一小部分。

(三) 仪表飞行规则 (Instrument Flight Rules,IFR)

在气象条件低于目视飞行气象条件时，装有无线电通信和定位仪表的飞机可以依靠仪表而不依靠飞行员的视觉来飞行，这种飞行称为仪表飞行。适于仪表飞行的气象条件比目视飞行条件要低。

国际民航组织制定了相应的仪表飞行气象条件(Instrument Meteorological Condition，IMC)。在这种条件下，通常飞行员看不到其他的飞机，管制员负责把这架飞机与其他飞机或障碍物间隔开来。为此规则要求进行仪表飞行的飞机必须装备规定的飞行仪表和无线电设备(起码要有地平仪、高度表、位置指示仪表和高频、甚高频通信设备)。飞行员必须在这类飞机上培训取得仪表飞行的驾驶执照后才能进行仪表飞行。

仪表飞行的整个过程处于管制员的控制之下，每次飞行都要向空中交通管制机构提交一个包括航路、速度、高度、预计飞行时间的飞行计划，管制员根据这个计划来分配航路、高度，并监控和引导飞机在空中的飞行。

在飞行中，仪表飞行和目视飞行可以相互变换，但是都要先向管制员提出要求，在得到准许后变换。

五、通信标准

案例回放

2007年4月，一架执行从北京至纽约CA981号航班的客机，在肯尼迪国际机场降落后，飞行员和机场控制塔出现沟通问题而险些造成意外。肯尼迪机场控制塔人员批评国航飞行员英语水平低，但国航方面指责肯尼迪机场控制塔人员没有使用国际民航组织通用的航空英语。

目前，空中交通服务主要是通过地面的管制员和空中飞行员之间的无线电通话来完成的，如果在使用的频率上和通话的语言上没有统一规定，或者发生混淆，则会使整个管制过程出现混乱，造成不可弥补的损失。因此，要对作为基础的通信做出严格的规定。

（一）频率分配

空中交通管制的无线电频率分配在全世界是统一的，陆空通信主要使用高频(HF)和甚高频(VHF)。高频通常作为远距离通信的传输手段，甚高频是用于空中交通管制进行陆空通话的主要手段。国际民航组织对甚高频的频道作了详细的分配。

（二）语言的规范

国际民航组织规定空中交通管制通话统一使用英语，在通话中任何一个数字和字母以及词义的混淆都可能造成不堪设想的后果。为此，国际民航组织对通话用的数字、字母以及空管用的专门词语的发音和解释都作了规定。表4–1是数字和字母的读音规定。

其他诸如对高度、速度、时间、风向、风速、航向、跑道名称以及一些重要的词句用语，都有明确的规定。

表 4–1 通用数字和字母的读音规定

数字和字母	英语相应字	发 音
0	Zero	Zee–ro
1	One	Wun
2	Two	Too
3	Three	Tree
4	Four	Fow–er
5	Five	Fife
6	Six	Six
7	Seven	Sev–en
8	Eight	Ait
9	Nine	Nin–er
A	Alpha	Alfah
B	Bravo	Brahvoh
C	Charlie	Charlee
D	Delta	Delta
E	Echo	Eckoh
F	Foxtrot	Fokstrot
G	Golf	Golf
H	Hotel	Hohtell
I	India	Indee–ah
J	Juliett	Jewlee–ett
K	Kilo	Kevloh
L	Lima	Leemah
M	Mike	Mike
N	November	November
O	Oscar	Osscah
P	Papa	Pahpah
Q	Quebec	Kehbeck
R	Romeo	Rowme–oh
S	Sierra	Seeairah
T	Tango	Tangggo
U	Uniform	Younee–form

V	Victor	Viktah
W	Whiskey	Wisskey
X	X-ray	Ecksray
Y	Yankee	Yangkey
Z	Zulu	Zooloo

思考与练习

1.什么是空中交通管理?空中交通服务的目的和内容是什么?

2.空中交通管制服务的目的与内容有哪些?

3.为何29 000英尺以下可以以2 000英尺为一个顺向高度层，而29 000英尺以上却要以4 000英尺为一个顺向高度层?

4.航行情报服务的目的与内容有哪些?

5.空域管理与流量管理有何目的?管理包括哪些具体内容?

第五章

空　港

学习目标

1.了解空港发展的历史概况;了解我国空港的现状和前景;了解枢纽空港、重要空港和一般空港的划分标准。

2.掌握空港的分类、空港的组成部分，掌握空港在经济发展中的作用。

3.掌握飞行区等级划分依据，了解跑道的各种附属设施;了解候机楼区的设施及作用，掌握旅客在候机楼内的流程。

4.了解空港的管理体制和组织机构;掌握空港运营需要的主要工种及其工作内容。

5.了解空港社会关系的特点，掌握空港和航空公司的关系。

6.掌握空港的容量的定义，了解名义容量和实际容量的区别;掌握影响空港容量的因素和减少延误、增加容量的方法。

7.了解空港发展面临的问题;了解空港规划的依据和原则;了解空港规划的内容。

8.了解我国民用机场的现状;了解我国民用机场的发展趋势;了解我国主要的民用机场情况。

第一节
空港概述

可供飞机停放、起降、维护和组织飞行保障活动的场所称为机场，用于航空运输的机场通常又称为航空港，简称“空港”。

1903年莱特兄弟发明飞机，当时并没有机场，随后的几年里相继有航空爱好者制造飞机成功，但也没有专门的机场，人们只需要找一片平地就可以起降飞机。随着飞机数量、性能和用途的发展，机场也应运而生。

一、空港的发展

从1910年德国出现了世界上第一个机场，到现在世界各地兴建了大量的大型航空港，机场的发展经历了三个阶段。

第一阶段(1910~1920年)是机场的幼年期，这期间的机场仅仅是一片草地，搭建几个简易帐篷来存放飞机，并有几个工作人员参与管理。这期间除军事飞行外，机场只为航空爱好者的飞行试验提供服务，不为社会服务，所以这期间的机场只是“飞行员的机场”(见图5-1)。

第二阶段(1920~1960年)，第一次世界大战之后，民航运输业逐渐兴起和发展，机场也就大量兴建起来。这个时期，为满足通信、航管、飞机对跑道的要求以及旅客进出机场的需要，机场修建了塔台、混凝土跑道和候机楼，已经具备现代机场的雏形，但社会服务功能有限，主要为飞机和旅客服务，只能称之为“飞机的机场”。

第三阶段(1960年至今)，随着民航进入全球化、大众化的发展阶段，航空运输成为运输业的重要组成部分。大型喷气式客机广泛采用，对机场飞行区的要求也逐步提高;客货流量的增加，对机场地面运输区也提出了新的要求;航班数量、客货流量的增加使机场与邻近社区的土地使用、噪声等问题也日渐突出。这一时期机场成了整个社会的一部分，其社会服务功能也日渐完善，这一时期的机场称为“社会的机场”(见图5-2)。

图 5-1 早期机场

图 5-2 现代机场

我国机场的发展始于第二阶段，但第二阶段持续时间特别长，直到1978年才真正意义上进入了第三阶段。1920年开通了北京与天津之间的航线，首先在京津两地修建了机场，直到1968年才修建了我国的第一个航空港——北京国际空港，1979年扩建完工后才有了第一个大客流量的国际标准空港。截至2013年年底，全国共有民航运输机场193座，其中对外开放的国际机场25座，预计2020年我国的民航运输机场将达到300座，形成华北、华东、中南、西南、西北五大机场群。

二、机场的分类

根据用途不同，机场可分为军用机场和民用机场两大类。

小贴士▼

有的城市客货流量不大，单独修建机场意义不大，如果附近有军用机场，民航往往与部队合作共同使用一个机场，称为军民合用机场。我国部分民航运输机场实质上仍是军民合用机场。

民用机场按服务性质可分为用于民航运输的运输机场(空港)和通用机场两大类。空港按吞吐量和规模又可分为枢纽空港、重要空港、一般空港等。

（一）枢纽空港

枢纽空港所依托的城市具有发展航空运输的优越自然条件，一般是国家的政治、经济和文化中心，多处在重要的国际航线上，是国际、国内航线最密集的地区。这类城市可能拥有多个机场，这些机场互相分工合作，共同构成该城市的空港。我国目前已形成北京、上海、广州三大枢纽空港，其中上海空港包括虹桥和浦东两个机场，三大枢纽空港的总吞吐量占全国的40%以上。成都空港由于在我国航路网中有得天独厚的地理位置和机场规模，即将成为我国的第四大枢纽空港。

（二）重要空港

重要空港是在一个国家中占据着重要地位的空港，在整个国家的航空运输网中起着核心作用，它所依托的城市一般是一个地区的政治、经济和文化中心，在全国也有一定的影响力。美国把客货吞吐量占全国1%以上的空港划为重要空港，我国一般把对外开放的国际空港作为重要空港的标准。

（三）一般空港

除枢纽空港、重要空港之外的小型空港称为一般空港，这类空港的客货吞吐量不大，但在全国的航路网上起着不可或缺的作用，对地区的经济发展也起着重要作用，是民航运输网的重要组成部分。

有的空港曾经从事航空运输，后来由于各种原因不再使用，处于停用或保管状态，如有需要可再次启用，这类空港叫做备用空港。

三、空港在经济发展中的作用

（一）空港是交通联系的枢纽

航空运输具有快速性和机动性的特点，使空港成为一个国家交通运输中最重要的结合点，空港通过所依托的中心城市能提供的所有交通方式便捷地与城市相连，进而辐射到周边地区，让航空运输融入当地的交通运输网络，是这些地区通向本国政治、经济、文化中心和通向国际的门户。

（二）对投资有很强的吸引力

随着经济全球化，许多大型跨国经济实体看中经济相对落后的国家和地区的低廉地价、人力资源，为了降低成本、提高它们的竞争力，大量的资本开始向这些地方转移，投资建厂。投资也给这些逐步开放中的地区带来了生机和活力，但投资的先决条件是解决好人员和物资进出的通道，以便人员能便利地往来、产品能顺畅地运输，通过空港建立的空中通道就是最有吸引力的运输途径。

（三）空港经济加速当地经济发展

依托于空港、借助空港的推动力而带动或形成的产业经济体系叫空港经济。随着全球经济一体化的步伐加快，空港经济的作用也越来越明显，伴随空港而衍生出来的产业活动也快速发展。空港是全球产业要素的结合点，它集客货运输服务、航空配餐、航油航材供应以及围绕客货运输服务所需的配套服务于一体，形成了一个小社会。随着国际物流吞吐量的增大，空港自身的社会属性越来越明显，利用其商品、信息、人才集散地的优势，可提供批发、配送、仓储业、出口加工及自由贸易等全方位增值服务，让空港具有了城市所有的功能，使空港和周边地区首先繁荣起来，随之将会带来地价上涨、房地产增值等效应，提升城市的地位，使整个地区的财富增加。

同时，空港是连接当地与外界的高速通道，缩短了与世界的距离，使地方经济融入世界经济发展的潮流，与世界同步高速发展。

第二节
空港的构成

空港无论规模大小，都可分为飞行区、候机楼区和地面运输区三大部分。其中飞行区是飞机活动的区域，地面运输区是车辆和人员活动的区域，候机楼区连接飞行区与地面运输区，为离港旅客提供登机服务和为到港旅客提供到达服务。

一、飞行区

飞行区是空港中飞机活动的区域，包括空中部分和地面部分。空中部分主要是指飞机进场和离场的航路，地面部分包括跑道、滑行道、停机坪和登机门等。这里主要介绍地面部分。

（一）跑道

1. 飞行区等级

跑道是空港的重要组成部分，是空港区别于车站、码头等客货集散地的明显标志。跑道的长度、宽度、强度以及净空条件决定了可以起降的飞机类型，空港飞行区等级也是根据跑道性能来划分的。

飞行区等级由两个字符构成，第一个字符是数字，表示可供飞机起降的场地长度；第二个字符为字母，表示可供起降飞机的最大翼展和最大轮距(两个主起落架机轮外侧的间距)。数字共有1、2、3、4四个等级，数字越大，表明场地长度越长；字母有A、B、C、D、E五个等级，字母越往后，表明能起降的飞机最大翼展和最大轮距越大。可简单地理解为：数字反映了跑道长度，字母表示了跑道的宽度。飞行区等级划分标准见表5-1。

表5-1　飞行区等级指标

第一位　数字		第二位　字母		
数字	飞行场地长度(m)	字母	最大翼展(m)	最大轮距(m)
1	<800	A	<15	<4.5
2	800~1200	B	15~24	4.5~6
3	1200~1800	C	24~36	6~9
4	1800以上	D	36~52	9~14
		E	52~60	9~14

我国的国际空港大多为4E级，只有极个别国际空港为4D级，这些空港都可以起降目前世界上的所有飞机。如石家庄正定机场，在我国4E级机场中其跑道长度、厚度都不是最高级别的机场，但该机场曾多次保障了世界最大的运输机安-225的起降。

现在有的机构将飞行区等级中的字母增加了一位，即F级跑道，可保障的飞机最大翼展增加到80米，最大轮距增加到16米。上海浦东国际机场是我国第一个4F级机场。截至2010年年底，全国共有6个4F级机场，分别是上海浦东国际机场、首都国际机场、广州白云国际机场、成都双流国际机场、天津滨海国际机场和重庆江北国际机场。

2. 跑道方向和跑道号

在有风条件下，飞机的起飞、着陆要在逆风中才能有较好的性能表现，因此机场的跑道方向应与当地主风向一致。若风向变化较大的地区，机场往往修建多条跑道，每条跑道的方向不一致，以便在风向有较大变化时选择适合飞机起降的跑道。如芝加哥奥黑尔机场就具有6条交叉跑道(见图5-3)。

跑道号为跑道中心线磁方向除以10，四舍五入取整，用两位数表示。由于跑道有两个使用方向，所以一条跑道有两个跑道号。如某跑道磁方向为163° /343° ，其跑道号就为16/34。跑道号用大字体标在跑道头，如果一个机场有两条平行跑道，其跑道号一样，就用左、右加以区分，图中的18R就表明是18号右跑道，它的另一端跑道号为36L；如果有三条跑道，中间跑道就用C表示(见图5-4)。

图 5-3　芝加哥奥黑尔机场

图 5-4　跑道号

3. 跑道的附属区域

跑道的附属区域主要指跑道道肩、跑道安全带和净空道。

跑道道肩是跑道两侧与草地的隔离地段(图5-4中的白线外侧部分)，用于在飞机偏离跑道时，对跑道边沿起保护作用，不致损坏跑道，还能防止发动机喷气灼伤跑道。

跑道安全带是指跑道四周划出来的一定区域，用于保障飞机意外冲出跑道时的安全，安全带分道端安全带和侧安全带。道端安全带在跑道两端，宽度、强度都和跑道相同，侧安全带则不需修建成水泥道面，只需保证地面坚实、平坦即可。

净空道是道端之外的地面和向上延伸的空域，要求没有障碍即可，主要保证飞机起飞离地后初始上升、着陆下滑和拉平阶段高度较低时的安全。

（二）滑行道

滑行道用于将停机坪与跑道连接起来，除直接连接跑道两端外，与跑道中部还有数量不等的几个连接处，以便飞机着陆后能尽快脱离跑道。

由于飞机在滑行道上运行的密度比跑道上高，起飞前在滑行道上的重量也比跑道上的大(滑行过程中要耗油)，所以，滑行道的道面强度要求不得低于跑道强度。滑行道的宽度要保证飞机滑行时机轮不致进入草地，一般要求飞机在滑行道中心线上时，最外侧的机轮距滑行道边缘不得少于1.5~4.5米，在转弯处还要适当加宽。

（三）停机坪

停机坪简称“机坪”，可分为停放机坪和登机机坪。停放机坪用于飞机在机场长时间停放，如过夜、维修等;登机机坪用于旅客上下飞机、装卸货物，一般在候机楼外侧和货场处。根据机场规模不同，要修建足够面积的机坪，以保证飞机和车辆、人员的活动需要。

（四）机场导航设施

为保障飞行安全，准确引导飞机到达机场，机场设置了相应的导航设施，目前民航机场普遍采用的是仪表着陆系统(ILS)。仪表着陆系统由航向台、下滑台和若干个指点信标组成。

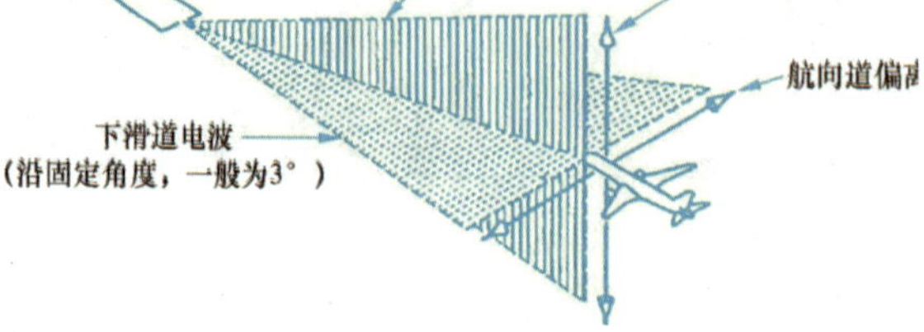

图 5-5　ILS 仪表着陆系统原理

航向台位于跑道中心线上，沿跑道两侧发射两束等强度的无线电波，飞机上装有相应的接收装置，如果飞机处在跑道中线上，接收到这两束航向信标波强度相同，仪表指针指在正中；如果飞机偏在跑道中线左侧，飞机接收到左侧的航向信标强度更强，仪表指针指向右侧，提醒飞行员飞机需要向右调整；同理，飞机如果偏在跑道右侧，飞机接收到右侧的航向信标强度更强，仪表指针指向左侧，提醒飞行员需要向左调整。

下滑台位于跑道一端，向沿与地面成3° 的下滑道上下各发射一束等强度的下滑道信标无线电波，如果飞机正处在3° 下滑道上，接收到上下的无线电波强度相同，仪表指针指在正中；如果飞机位置偏高，在3° 下滑道上方，飞机接收到上方无线电信号强，指针向下指，提醒飞行员要向下修正；相反，如果飞机位置偏低，在3° 下滑道下方，飞机接收到下方无线电信号强，指针向上指，提醒飞行员需向上修正。

指点信标设置在跑道延长线上，一般设置3个，按规定设在距跑道一定的距离上，飞机在信标机上空时接收到信标信号，相应的琥珀色信号灯闪亮，提示飞行员飞机的位置。

通俗地说，ILS仪表着陆系统几束无线电信号围成了一个电磁波“隧道”，飞机以预定的速度沿着“隧道”钻出来就是跑道，就可以稳稳地落在跑道上。仪表着陆系统有三个类别，Ⅰ类精度较低，Ⅱ类精度较高，Ⅲ类又分a、b、c三个等级，其中Ⅲa精度最低，Ⅲc精度最高，Ⅲc在即使看不见跑道的气象条件下也可以指引飞机起飞着陆。

二、候机楼区

候机楼是空港飞行区和地面运输区的结合部，是旅客在机场活动的区域，包括候机楼建筑物本身和旅客出入通道、登机机坪等。

（一）候机楼内的服务区域

候机楼内根据服务功能不同，可分为政府办公区域、空港管理区域、航空公司运营区域和旅客服务区域。

政府办公区域内一般有民航主管部门、卫生部门、环保部门等的办公区，如果通航国际航线的空港，还设有海关、边防检查部门等的办公区。

空港管理区域内设有空港行政部门、后勤部门、消防救援部门等的办工区和工作场所。

航空公司运营区域是由各航空公司租用的办公区和服务区，包含运营办公室、签派和贵宾接待等区域。

图5-6 值机柜台

旅客服务区域是机场、航空公司等民航运输部门面向旅客服务的场所，包括值机柜台、安检通道、海关及检疫通道、迎送旅客的活动大厅、登机前候机厅、行李交付大厅等，还有为旅客提供信息服务、商业服务和公共服务的区域。

（二）旅客在候机楼内的流程

标准的候机楼内，旅客的活动区域主要分为两层，上层为出港旅客活动区域，下层为到港旅客活动区域。

旅客乘机旅行，需到候机楼二楼的出港大厅，在相应的值机柜台(见图5-6)凭购票使用的身份证明办理值机手续(更换登机牌、交运托运行李)，然后凭身份证和登机牌通过安检通道(见图5-7)进入隔离区，到相应的候机厅候机。旅客凭登机牌于起飞前半小时开始登机。

图5-7 安检通道

旅客到达目的地后，通过专用通道进入候机楼一楼的到达厅，在到达厅中的行李交付处领取自己的托运行李后，离开隔离区，航空旅行结束。

（三）登机机坪

旅客通过登机门后，到达登机机坪登机。登机机坪一般布置在候机楼外，尽量缩短旅客的步行距离，空港根据处理的客流量不同设有多种形式的登机机坪。

单线式登机机坪结构简单，飞机直接停放在候机楼外等待旅客登机。这种形式的机坪简单方便，但只能处理少量飞机，一般用于航班量不大的支线机场。

指廊是由候机楼伸出去的手指状的长廊，飞机停靠在指廊两侧的停机位上，和单线式登机机坪相比，指廊可以容纳更多的飞机。为减少旅客在指廊内的步行距离，较长的指廊内铺设了活动人行道。指廊式登机机坪被大多数机场广泛采用，随着机场吞吐量的增加，指廊还能很方便地扩展(见图5-9)。

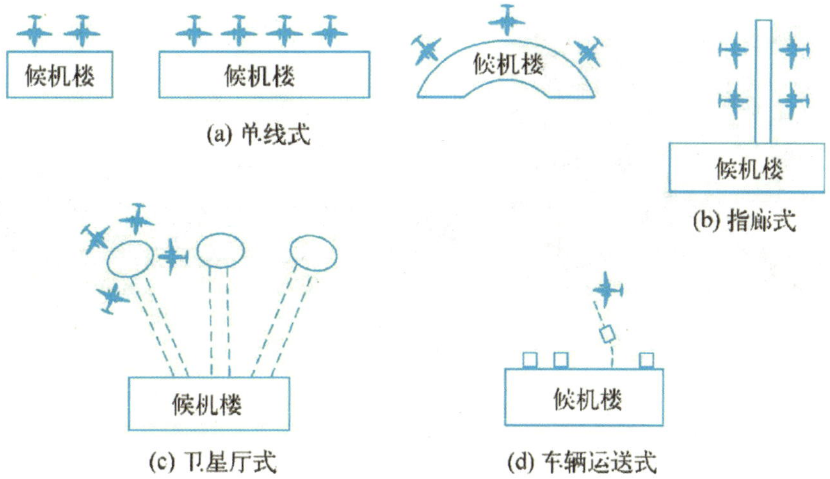

图5-8 登机机坪的形式

图5-9 指廊式登机机坪

卫星厅是设置在候机楼外的候机厅，一般通过指廊与候机楼相连，飞机可以沿卫星厅外侧停放，连接卫星厅的指廊两侧也能停放一定数量的飞机(见图5-10)。卫星厅式登机机坪有指廊式容纳飞机数量多的优点，同时旅客在卫星厅内可以获取更多的航班信息，但扩展性能不如指廊式。现在很多大型机场使用了这种形式的登机机坪。

车辆运送式登机机坪又叫远距离登机机坪，飞机停放位置可设置在离候机楼较远的停放机坪，可停放数量较多的飞机，旅客通过登机门后，由摆渡车运送到飞机旁(见图5-11)。这样的登机机坪无须相应的建筑，灵活方便，但对车辆的需求量较大，还容易受到天气的影响。许多机场在航班繁忙时使用车辆运送式作为指廊、卫星厅式登机机坪的补充。若遇到超过停机位尺寸的大型飞机，也可采用车辆运送式登机。

图 5-10　首都国际机场卫星厅

图 5-11　摆渡车

三、地面运输区

空港的地面运输区是空港和所依托城市及周边城市连接的通道、空港停车场和内部通道的总合。

空港和所依托的城市往往有专用的通道相连，保证旅客、货物能顺畅、快捷地进出空港。国内大部分空港与所依托的城市都用专用的机场高速公路连接，有的城市还开通了地铁、轻轨等与机场相连。空港通过所依托的城市，让航空运输进入到城市的交通运输网络，便捷地与车站、码头以及周边二级城市融为一体，组成立体交通运输网。

空港建有较大面积的停车场，供大量的出租车、接送旅客车辆以及众多工作人员的车辆停放。由于面积大，为了减少旅客在空港停车区域内的不便，往往把出租车、接送旅客车辆的停放区域安排在候机楼附近，避免旅客携带行李步行太长的距离，而机场、航空公司及其职工使用的车辆，则停放在离候机楼较远的位置。

候机楼附近有许多飞机、车辆与行人活动，内部通道必须合理安排和管理，才能保证交通有条不紊地进行，不至于出现混乱和事故。

第三节
空港的管理和运营

一、空港的管理体制

目前全球的空港管理体制有国家管理、地方政府管理和私人企业管理三种模式。

（一）国家管理

国家管理是指国家民航主管当局直接管理空港，目前大部分国家的首都空港采用这种管理方式，在一些计划经济国家，空港的管理普遍采用这种方式。

国家管理的优点是可以迅速适应国家政治任务的需要，容易和空中交通管制系统配合、集中力量统一调度。缺点是与当地政府、经济社团联系不密切，不能从地方经济和社会发展出发考虑问题，容易产生矛盾。

（二）地方政府管理

地方政府管理是将空港交由所依托城市政府相关部门进行管理。它的优点是能把地方社会经济发展的要求和机场的经营统一协调起来，能有效调动地方投资的积极性。缺点是有时会和空管当局以及非本地航空公司产生利益上的矛盾。这种管理模式被世界上大部分空港采用。

（三）私人企业管理

将机场管理完全按照企业化模式运作，能有效克服空港管理和运营中工作层次、工作人员偏多，不能合理配置资源的缺点，经营效率很高。但这种模式不能避免经营的波动性，容易忽视机场的社会效益，需要政府来控制和协调。私人企业管理模式只是在英美的一些小型空港使用。

相关链接

我国在改革开放以前，民用机场的管理模式十分单一，完全由中央政府集中管理。改革开放以来，地方政府积极参与机场建设，单一的管理模式被打破。目前，我国机场管理模式包括以下几类。

民航总局和地区管理局直接管理。现在全国大部分机场是这种管理模式，其中包括部分由中央和地方联合投资建设，但由民航管理的机场。

地方政府管理。这部分机场建设时全部由地方投资(有的机场中央给予少量补助)，机场建成后归地方政府管理。主要有厦门、珠海、深圳、三亚的新建机场以及一些小型机场。上海虹桥机场也是划归上海市政府管理的机场。

中央和地方实行股份制管理。由中央和地方政府联合投资建设，根据《公司法》，按投资比例实施股份制管理，有的由地方政府直接控股。如南京、福州为地方政府控股。

二、空港管理的内容和组织

空港管理组织上大致可分为四个部门：行政和财务部门、规划和工程部门、运营部门、后勤和维修部门。空港一般设置一名经理(或叫空港管委会主任)，下设四名副经理(副主任)各分管一个部门，各部门管理的内容(如图5–12所示)。

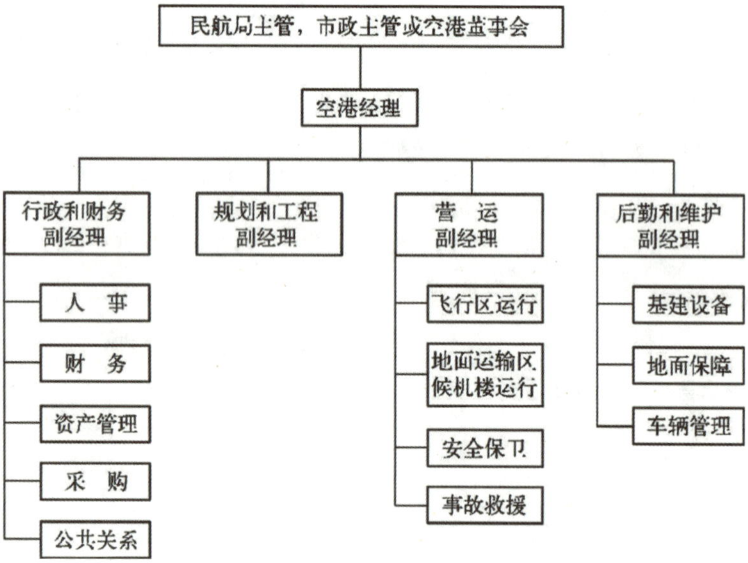

图5–12 空港的管理组织

三、空港的运营

为了保障空港能安全有序地运行，需要做大量的具体工作，本节仅讨论维护飞行区正常运行需要做的一些工作，主要包括道面维护、防止鸟击、紧急救援、安全保卫、地面勤务等。

（一）道面维护

道面是指机场的跑道、滑行道、停机坪等的道面，其中最重要的是跑道道面，无论是起飞还是着陆，飞机都在跑道上高速滑跑，跑道的细小瑕疵都将危及飞行安全。维护道面，是要保证道面有足够的强度、平整度，还要有适当的摩擦力。

图 5-13 跑道上的刹车痕

跑道足够的强度在修建时就已经考虑到。现代航线飞机重量大，起飞、着陆速度大，对跑道的压力、撞击力量大，需要跑道强度高。因此，世界上几乎所有大型空港都采用强度大、承载能力高的混凝土跑道。混凝土跑道是刚性的，在温度变化时，膨胀与收缩会使道面承受很大的内应力，道面上每隔一定距离需留有伸缩缝，以防膨胀时道面拱起变形。由于伸缩缝的存在，冬天气温低时道面收缩致使缝隙变大，沙石、水等杂物将渗入伸缩缝，冬天水凝结成冰、夏天道面膨胀挤压缝隙中的沙石等都将使道面受到很大的应力，致使道面开裂。因此，道面维护人员需要定期检查跑道，发现裂缝等及时修补。检查方法通常是目视和超声波检查，目视用于检查跑道表面，超声波用于检查跑道内部。

为保证道面有适宜的摩擦力，使飞机在跑道上能有效制动，又不致影响飞机滑跑中加速。道面上开有安全槽，可以起到增大摩擦和排水的双重作用，因为跑道积水后飞机高速滑行会进入“动态滑水”状态，使飞机轮胎离开道面、刹车失效，飞机着陆时会发生冲出跑道、危及安全的危险。随着跑道使用时间增长，道面磨损加剧，将会导致跑道摩擦力下降，需要通过维护保证安全槽的深度与密度。

比较繁忙的机场，大量飞机起降，特别是着陆后制动将导致轮胎温度升高，轮胎上的橡胶熔化附着在道面上，时间长了将在跑道上留下许多“刹车痕”(见图5-13)，降低道面摩擦系数。因此，应在道面橡胶积累到一定程度时将其清除，现在常用的方法是利用超声波让橡胶分子共振，使其脱离道面，然后扫除。

冬天跑道上积有冰雪，也将和积水一样严重地影响道面的摩擦系数。跑道如果积水，可以很快通过跑道排水设施排除掉，但积雪不会自己流走，积雪融化后若未能及时清除还会结冰，气温较低时道面少许积水也会造成结冰。北方机场为了清除道面积雪和积冰，配备有铲雪机(见图5-14)、吹雪机、扫雪车(见图5-15)等机械，在积雪较厚时先用铲雪机铲除大部分积雪，道面上残留的少量雪片可以用吹雪机和扫雪车清除，近些年许多机场还配备了集铲、吹、扫于一体的铲雪车辆。这些车辆的维护费用在机场经营里面是一笔不小的支出，低纬度地区机场无需配备除雪设施，就可省去这一笔费用。

图 5-14 铲雪机

图 5-15 扫雪车

读一读

2007年3月4日，中国北方遭遇了56年来最大的暴雪，沈阳桃仙国际机场被大雪覆盖，最深处厚达1.5米，机场被迫关闭。下雪时气温骤然降低，致使跑道、滑行道和停机坪结冰非常严重，吹雪机都无法使用，只能靠人工除雪。经过昼夜奋战，于3月6日上午8：58分，关闭了近49小时的沈阳机场重新开放，第一架起飞的是南方航空由沈阳飞往日本大阪的航班。

跑道结冰比积雪更难铲除，一般在纬度不太高的地区冬天出现跑道结冰，多采用扫雪车扫除，也可采用喷洒酒精或乙二醇的方法，使冰融化后去除；高纬度地区跑道结冰后，由于气温太低，扫雪车不能扫除，酒精和乙二醇起不到很好作用，一般采用撒热沙子的办法，热沙会使接触到的冰融化，融化成的水很快又再度结冰，将沙子嵌入冰层，增加了跑道的粗糙程度，达到增加摩擦力的要求。

（二）防止鸟击

读一读

2010年9月8日下午，中国南方航空公司从西安飞往大连的CZ6434航班，在西安咸阳机场起飞时右翼撞上一只燕子，幸运的是未对飞机造成直接伤害，飞机正常起飞。

2010年8月18日，四川航空公司的A321飞机执行由成都出发经停长沙飞往福州的3U8997航班，在5100米高空与飞鸟相撞，飞机头部被撞出一个窟窿。飞机在长沙进行抢修，航班延误。

航空界把飞机与鸟相撞称为“鸟击飞机”(见图5-16)，如果飞机在飞行中与鸟相撞，由于相对速度大，撞击的力量会非常大，轻则让飞机受损(见图5-17)，严重时会造成机毁人亡的惨剧。近年由于生态环境好转，机场附近鸟类活动增多，加上航空运输发展较快，飞行活动量也在大幅度增加，就加剧了发生鸟击飞机的概率，国际民航组织每年都能收到几千例的鸟击报告。

图 5-16　鸟击飞机

图 5-17　鸟击的破坏

图 5-18　稻草人

鸟类飞行所能达到的高度不是很高，高空中发生鸟击事件的报告较少，鸟击多发生在机场附近，飞机起飞、着陆阶段，这时候飞机高度较低，容易与鸟相撞。许多机场都成立了驱鸟队，担负着驱赶机场附近鸟类、避免鸟击事件发生的任务。驱鸟没有绝对有效的方法，所有的驱鸟人员都在边工作边探索新方法。早期的驱鸟方法大多采用猎杀的方式，这种方式违背了生态、环保等要求，现在常用的方法是在机场附近安设稻草人(图5-18)、猛禽模型等;还常用播放猛禽叫声、超声波、煤气炮、彩色风轮等方式驱鸟;还可清理空港附近环境，如清除垃圾、清除杂草、水塘等鸟类食物源。在这些方法不能奏效的情况下，不得不使用捕鸟网、猎杀等方式。

小贴士▼

2003年有一个公益广告：100年前人们根据鸟的飞行发明了飞机，不要等到100年后天上能飞的只有飞机了，我们的小孩就会问：“妈妈，飞机是根据什么发明的呢?”

（三）紧急救援

机场紧急救援队又称为消防队，他们的任务是在飞机失事时第一时间赶到现场，实施灭火和幸存者救援。

大约70%以上的飞行事故都发生在起飞、着陆阶段，其中着陆阶段的比例最大。因此在机场的紧急救援任务尤为重要，救援响应时间对救援效果有决定性的影响，国际民航组织对消防队制定了相应的标准，要求接到报警后救援人员能在3分钟内到达机场最远端，达不到标准的机场无法取得经营许可。

相关链接

1990年10月2日，厦门航空MF8301次厦门飞往广州的航班遭暴力劫持，在广州白云国际机场撞毁两架停在地面的飞机后飞离地面，然后坠毁爆炸。消防队及时赶到，从喷出灭火剂开始，仅用12秒就将大火扑灭。

图5-19 快速救援消防车

机场消防队的装备要比一般中小城市消防队先进，大型空港消防队装备的消防车辆有快速救援消防车、轻型消防车和重型消防车等。

快速救援消防车(见图5-19)装有1000升浓缩泡沫灭火剂和急救药物等急救设备，速度很快，在出现险情后能带着指挥员和首批急救人员第一时间赶到现场，控制火势和紧急处理、转移伤员，清理撤离通道，为后续消防主力到达做好准备。

轻型消防车(见图5-20)能在快速救援消防车之后赶到现场，它装有数百公斤灭火干粉和二氧化碳，对油路、电路着火有很强的灭火能力。

重型消防车(见图5-21)装有成吨的泡沫灭火剂和水，紧随前两种消防车之后赶到现场，能对大面积火势实施有效扑灭。

图 5-20 轻型消防车图

5-21 重型消防车

（四）安全保卫

随着航空运输的普及，犯罪分子也逐渐将眼光瞄向了民航飞机。20世纪60年代以来，劫机和炸机事件时有发生，造成了巨大的生命和财产损失。空港安全保卫的针对目标就是空中和地面犯罪行为，空中犯罪是指犯罪分子的劫机、炸机犯罪行为和走私等，地面犯罪主要是防止盗窃和抢劫，也包括对空港设施的破坏行为。空港安全保卫主要包括安检入口、外围保卫及货场保卫。

相关链接

2001年9月11日，“基地”组织成员几乎同时劫持4架民航客机，先后撞击位于美国纽约的世界贸易中心、位于华盛顿特区的五角大楼，造成包括世界贸易中心双塔在内的6座建筑物完全被毁，其他23座高层建筑受到不同程度的损坏。“9·11”事件造成2998人罹难，其中证实死亡的2974人，24人下落不明，是迄今为止人类历史上最大的恐怖袭击事件。

为有效防范空中犯罪，各国都采用了一系列行之有效的安全措施，旅客和行李需通过专用安检通道才能进入隔离区乘机。旅客一般采用通过式安全门进行人身安全检查，安全门内有电磁场，如果旅客身上有金属制品，电磁场将在金属制品内产生涡电流，涡电流达到一定强度就会触发安全门的警报装置报警。行李一般采用X射线检查，用传送带通过X射线机进行透视检查，安检人员能

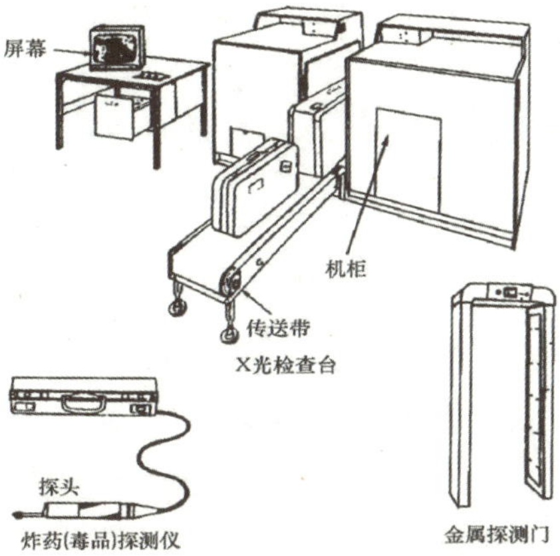

图 5-22 安检装置

看到行李内部各个细节。在安全门或X射线检查不能确定时，旅客将接受人身检查，

行李会进行开箱(包)检查(见图5–22)。

空港的外围保卫主要是防止闲杂人员进入飞行区，危及飞行安全。大多空港在飞行区外围设置护栏，护栏两旁3米以上区域作为隔离带，不得有任何建筑和障碍物;重要地段还修筑围墙进行隔离，人迹罕至的僻静处一般用电网和微波防护，并设有明显的警告标志。

利用航空运输的货物一般都具有较高的价值，货场也成了盗贼关注的目标，货场保卫主要是防盗。货场有良好的照明，存放贵重物品的场所还需设置视频监控，特别重要的地方还需设有武装警卫。

（五）地面勤务

飞机经停、起飞前准备、着陆后善后工作等，都有较多的勤务工作要完成，而一些工作还有很强的时效性，如大多数经停的飞机都在着陆后40分钟左右就要再度起飞。这期间有许多地面勤务工作，如上下旅客、装卸货物、水和食物的补给、加油、卫生打扫等都必须完成。为了确保地面勤务按时、高质量地完成，特别是在飞机经停时，有十多辆服务车辆同时为飞机提供服务(见图5–23)。

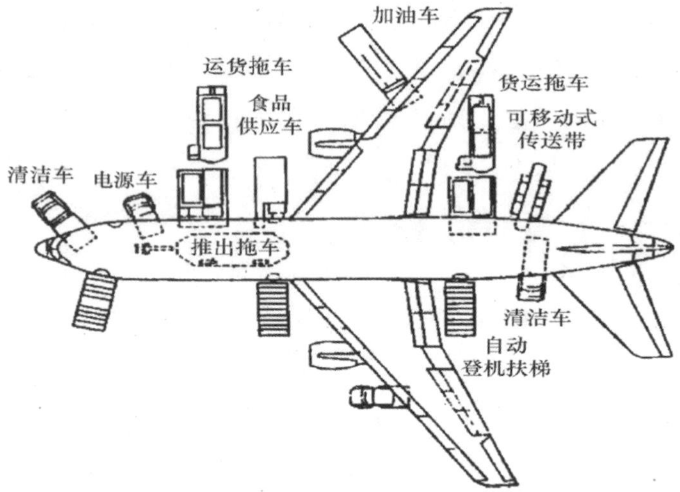

图 5–23　地面勤务车辆

饮水供应车可携带数吨饮用水，为飞机提供加注饮用水的服务。

空港用的加油车有两种：一种是油罐车，可以装10吨以上的油料，通过加油臂进行压力供油，一般用于为飞机加注液压油、滑油等;另一种是油栓车，用于在加油线将供油栓拉到飞机前和飞机加油孔相连，为飞机加注燃油，通过压力加油，即使是波音747和空客A–380这样的飞机也能在十多分钟内加满燃油。

地面电源车(见图5–24)主要用于飞机在地面发动机开车前为飞机供电，确保飞机照明、空调等设施正常使用，也为发动机开车提供电源支持。现代大型飞机普遍安装了APU，能单独为飞机提供电力和压缩空气，地面电源车的使用量正在逐渐减少，只有紧急情况或部分支线客机还需地面电源车的支持。

自行登机扶梯(见图5-25)用于在车辆运送式登机机坪供旅客上下飞机，部分小型机场没有活动登机廊桥，也广泛采用自行登机扶梯。

图 5-24　地面电源车

图 5-25　自行登机扶梯

有牵引车牵引、可挂多节车厢的货运拖车(见图5-26)负责运送小件货物装卸飞机，大件货物则由货运平车运送，货运平车车体较低，能很方便地配合传送带联合作业。

飞机停在指廊或卫星厅的登机廊桥旁，需要用推出拖车(见图5-27)将飞机推出停机位才能滑上跑道起飞，推出拖车的高度可以调节，以适应不同飞机机体的高度。

图 5-26　货运拖车

图 5-27　推出拖车

在货物和行李装卸过程中使用可移动式传送带(见图5-28)，可轻松地将货物、行李由货运平车、货运拖车传送到飞机货舱。

图 5-28　可移动式传送带

食品供应车(见图5-29)的车厢是一个可升降的平台，可上升至与飞机舱门同高，可以很方便地将食品供应人员、清洁工人及各种补给送上飞机。

图 5-29　食品供应车

飞机使用后将产生一些垃圾、污水和废弃物，在机场使用清洁车收集这些废弃物后集中处理。

四、空港的财务和管理

（一）空港的收入

空港的主要收入包括飞行场地的收入、候机楼出租收入、航空公司租用设施收入、其他出租收入、其他经营服务收入和非经营性收入。

飞行场地收入主要是向航空公司收取的起降费、停机费和加油服务费等，大型空港这部分收入约占总空港收入的30%左右，小型空港所占的比例更大，是空港收入的主要来源之一。

空港有大量的流动人群，蕴含着诱人的商机，一些商店、餐饮业、娱乐业、旅游业、服务业等都看好空港，通过租用候机楼内的商业区、办公区以及候机楼周边设施入驻空港，停车场、广告等也能给空港带来不少收入。这部分出租收入对于大型空港能占到总收入的40%左右，是空港收入的最大部分，小型空港所占的比例小一些，能达到25%左右。

除商业网点租用空港设施，航空公司因经营需要，也会在空港租用柜台、办公设施、地面设施、机库等设施，也能给空港带来不菲的收入。一些企事业单位租用空港房屋、租用空港工业园区的设施和房屋等给空港带来的收入称为其他出租收入；空港向租用者提供供水、供电和供热等服务也能带来一部分收入。以上的收入合称为经营服务收入。

非经营性收入和上述收入相比，和空港运营的联系不是很紧密，但从本质上看也是经营空港才能带来的收入，主要包括政府补贴、机场费以及与空港运营无关的出租或出卖空港财产等。

（二）空港的支出

空港的支出主要包括飞行场地支出、候机楼的支出、机库和货运设施等建筑及空港的地面设施的支出、经营性管理支出和非经营性支出。

飞行场地支出包括跑道、滑行道和机坪的维护费用，还包括机场使用的各种服务车辆、消防设施、机场照明等的使用和维护费用。其中道面维护费用对于高纬度地区机场而言，除雪和除冰的花费是一笔不小的支出。

候机楼的支出包括候机楼内的供水、供电、供热、废弃物处理的支出，还包括楼内各种建筑、设施的维护以及楼外的停车场维护、环境美化和绿化等。

机库的维护、空港进出道路维护、货运设施维护以及空港周围环境美化与绿化、空港基础设施的维护等也是空港日常支出的一部分。经营性管理支出主要指员工工资和日常管理费用。

非经营性支出表面上和经营关系不是很直接，但它的本质也是经营空港带来的支出，主要包括负债的利息、设施的折旧以及其他一些杂项费用。

（三）空港的财务管理运行方式

空港具有公众服务性质，在财务运行上大多需要政府的参与和补贴，根据补贴的来源不同，空港的财务管理运行方式主要分为政府管理补贴、航空公司补贴、独立核算补贴和纯企业运行四种方式。

政府补贴方式被一些发展中国家和计划经济体制国家采用，空港的建设和运行都由政府负责，盈利上缴国家财政，亏损则由财政进行补贴，空港不用承担任何经营上的风险。在一个地方航空运输发展的初期、运量不足的情况下这种方式能扶持航空运输的发展，但这种方式不能快速适应市场、资源配置不合理，以致经营效益较低。

通过航空公司补贴方式，空港可以将财务风险与航空公司共同承担，这种方式在国外一些大型空港被广泛采用。空港与使用空港的主要航空公司约定，在经营出现亏空时由航空公司出资予以填平，但航空公司可审核空港的财务计划，取得一定的空港决策控制权，在空港出现盈利时可通过在下一年度交付空港的费用中获得回报。

采用独立核算补贴的空港自负盈亏，独立承担财务风险。空港对航空公司收取的各种费用可在政府指定的范围内浮动，如有盈余就可用于扩大空港规模，自主性好，但经营风险较大，一旦破产，就将被政府接管。

纯企业运行方式只在英国的一些私有化空港实行。空港的运作完全按企业模式，遵照市场规则运行，经营者自由度很强，在经营中往往会忽视公众服务，不适宜在客货流量较大、对公众承担较多义务的空港推行。

（四）空港建设资金的筹集

建设空港需要大量资金，大多数空港建设的资金来源主要通过三种方式：政府投资、空港发行债券或股票、第三方投资。

世界上所有大型空港的建设资金都有一部分来自政府投资，只是不同的国家和社会制度，政府投资的比例有所不同。我国兴建大型空港，中央政府投资比例高达50%，美国兴建大型空港，联邦政府投资一般在20%左右。

大型空港建设的其余资金、国外一些小型空港建设所需的全部资金主要通过地方政府投资、发行股票或债券等途径获得。

第三方投资是通过吸引团体及个人、国外资本等投资空港建设，这部分资金过多，将会加重空港经营的负债水平，如我国的厦门空港就是吸收部分外资参与建设的。

五、空港的公共关系

空港是一个企业，有商业经营的特色，同时空港又是一个城市、一个地区的门户，作为窗口形象，空港承担了对公众服务的义务。现代的空港，拥有自己的土地，在空港区域内几乎有城市里有的所有服务设施，空港已经是一座小型城市，与各种各样的社团组织必须处理好权利、义务等的相互关系。

（一）空港和航空公司的关系

空港和航空公司是合作伙伴，它们之间的关系类似长途车站与运输公司之间的关系。航空公司利用空港组织客货运输，随着航空公司发展，飞机数量增加和机型变化，对空港起降条件要求有了变化，空港需要提供适应这些要求的设施和服务。空港时刻不能忘记航空公司是自己的主要用户，它们带来的收入是空港收入的主要来源，空港必须重视航空公司的需要，提供相应的服务设施满足航空公司运营的要求。

如果使用空港的航空公司较少，航线变化不大，航空公司与空港会建立长期的稳定关系，空港的地位取决于所依托的城市或地区的经济发展实力。当地区经济发展到一定水平，航空运输量增大，进入该空港的航空公司增多，运输市场开始竞争的时候，空港在和航空公司的关系中就会处于有利的一方，而在一个城市及其周边地区有多个空港的时候，空港之间有了竞争，与航空公司的关系中地位就会有所下降。无论如何，空港也不能忘记航空公司是自己最重要的客户，是自己经营收入的主要来源，在经营中要注意提高自己的服务质量。

读一读

上海有虹桥和浦东两个机场，上海周边还有杭州、宁波、南京等机场，在地面交通网越来越发达的今天，许多航空公司将上海的运输量转移到了周边机场，再利用便捷的地面高速公路、铁路网运往上海。这样一来，上海空港就面临和周边空港的竞争，若不注意提高自己的服务质量，就会有越来越多的航空公司转向周边空港。

（二）空港和租用空港土地服务行业的关系

空港是交通联系的枢纽，拥有大量的流动人群，蕴含着诱人的商机，大量的餐饮、娱乐、旅游等从事商业服务的企业会租用空港的土地或经营场所进行经营。这些企业在经营过程中容易只顾经济利益而忽视社会影响，严重时会对空港声誉造成较大影响，空港要加强对这些企业的管理，但同时也必须处理好与这部分企业的关系。这些企业上交给空港的租金也是不小的数目，在许多中小型空港，经营性企业的租金仅次于航空公司带来的收入，大型空港中经营性租金收入往往会超过航空公司带来的收入，成为空港的最大收入来源。

（三）空港和使用公众的关系

空港的使用公众包括与航空运输有关的旅客、航空公司人员，以及空港附近居民和来往公众，空港需要做的就是维持好秩序，保持环境的整洁。

（四）空港和邻近地区的关系

空港和邻近社区的关系主要体现在噪声问题和土地使用问题两方面。

飞机起降都会产生较大的噪声，比较繁忙的空港附近噪声污染尤为明显，对附近单位和居民都将带来很大影响。要从根本上解决噪声污染，只能依靠航空制造业的进步，这是一个长期的过程。就目前而言，空港只能采取一些被动措施来降低噪声的影响，能采取的措施主要有：建设噪声防护林，修建隔音效果好、噪声敏感度低的建筑物；对飞机的起飞、进近、着陆程序加以限制，使飞机迅速离开噪声敏感区，减轻噪声对地面的影响；对噪声大的飞机提高起降费征收标准；在不繁忙的空港，尽量避免夜间起降，防止噪声扰民；征用噪声敏感区的土地，由空港统一安排使用。

空港兴建时一般选择远离城市、人烟稀少的地方，但空港投入使用后，会带动当地经济发展，原本偏僻的空港地区将逐渐繁荣起来，空港周边土地也会大幅增值，吸引许多企事业单位进驻空港地区。随之而来就是高大建筑将进入空港区域，影响空港的净空条件，居民的增多对噪声也有越来越高的要求。矛盾激化时，政府也很难下决心来确保空港的用地，甚至有可能迫使空港搬迁。

第四节
空港的管理和运营

一、空港的容量

空港的容量是指空港在给定的时间中能处理的交通量，可用飞机的起降架次或旅客的流量来衡量。容量有名义容量和实际容量之分，名义容量是指不考虑飞机的延误，即飞机一架接一架地起飞或降落，单位时间所能允许的起降次数；实际容量指的是在规定出飞机由于空港条件而延误的时间限制后，空港所能允许的运行架次。

如果允许航班延误的时间越长，空港能处理的实际容量就越高，如果允许延误时间无限长，实际容量就会接近名义容量。但实际工作中所允许的延误时间有一定限制，实际容量和名义容量的差距就较大。名义容量是就空港性能而言所能达到的最大容量，实际上除了抢险救灾或军事行动，机场不会处理这么大密度的航班量。

小贴士▼

2008年5月12日，四川汶川发生8.0级特大地震，民航、空军、陆军航空兵出动了大量飞机参加救援行动。其中部队出动飞机4560架次，民航业调集了30架直升机和大量的运输机参加了救援。救灾期间，成都双流国际机场每天保障和抗震救灾相关的急救飞行航班在100架次以上，使得双流机场的航班往来架次从原来的每天500架次，达到每天600架次的历史最高纪录。

二、影响容量和延误的因素

影响容量和延误的因素在不同时期、不同时间是在变化的，主要的影响因素有五类：

（一）飞行场地的性能

跑道、滑行道、机坪等的停放和通过飞机的能力，对空港的容量影响较大，如首都国际机场新增了第三跑道和航站楼后，空港的容量大大增加，旅客容量由原来的

2 700万人次提高到6 800万人次，如果一个城市有多个机场，容量也会大幅度增加。但飞行场地性能所决定的空港容量，在一段时间内是相对固定的。

（二）空港空域的情况

空港空域情况有两方面含义，一方面是空港空域的大小、形状等基本情况；另一方面是空港和邻近机场有无相互干扰。如在汶川地震的救援工作中，成都周边军用、民用机场同时参与了救灾活动，空中交通非常密集，每个机场起降的飞机活动情况都受到其他机场的影响。

（三）空管的因素

为确保飞行安全，空中交通管理对飞机的间隔有严格的规定，为了确保合理的间隔，合理地利用有限的航线资源，必须对飞机的起降时间、进离场通道加以限制，为避开噪声敏感区或按空中走廊通行也会造成进离场时间的增加，从而减小空港的容量。

（四）气象因素

气象条件的变化会迫使空港改变进离场程序，严重时甚至关闭空港。高纬度地区的空港冬季受冰雪影响较大，冬季多雾地区的空港受大雾的影响也经常造成航班延误，夏季的强对流天气会造成许多空港暂时的关闭。

（五）使用量的影响

使用量越大的空港，稍有不正常就会造成很大面积的延误，对空港的容量产生严重影响。相反，使用量小的空港，航班不正常时能较方便地处理，带来的延误影响并不大。

三、减少延误和增加容量的方法

减少延误和增加空港容量是密不可分的，办法可分为增加硬件和改善管理两大方面。增加跑道、候机楼等设施，甚至是兴建新的空港等硬件，会让空港的容量大大提升。改善管理提高空港的利用率，也能在一定程度上增大空港的容量，具体的方法有：

（一）空港分流

在许多中心城市周围，除了依托该城市的大型空港，还分布着一些邻近城市的空港，这些空港离中心城市距离也很近，但由于地理位置和使用差别，造成利用率并不高。在使用中，可以把这些空港利用起来，当中心城市空港繁忙时，让一部分航班在这些空港起降，再通过便捷的地面交通往来中心城市，可大幅度地提升空港的容量。

（二）限进港飞机类型

类似于空港分流，在大型空港只允许高速、大型飞机进港，将起降和进离场占用时间同样多、但运量相对较小的中小型飞机，还有一些占用时间更多的低速通用航空飞机安排到不太繁忙的小型空港，让大型空港只保障运量大的大中型飞机，将会使空港的容量有所提升。

（三）分配限额

把空港较繁忙的时间段进行限额分配，按一定规则分配给使用该空港的航空公司，航空公司为了自身利益，自然会进行机型、航线的调整，有利于空港在繁忙时段尽可能地提高容量。

（四）利用经济杠杆控制需求

空港可将收取航空公司的起降费与时间段联系起来，实行空港繁忙时间段起降费上浮、闲暇时间段起降费下调的措施，或者直接将各个时间段采取拍卖的方式将使用权卖给航空公司。使用经济手段控制，可以有效地减轻高峰时段的拥挤，使空港资源利用更加合理，同时还能给空港增加收入。

四、空港发展面临的问题

（一）经营问题

空港的兴建需要大量的资金，国家财政要给予支持，地方财政也要筹集大量的资金，同时还通过债券、股票等形式融资，使社会上的流动资金参与到空港建设中来。空港运营后又面临需要雇用众多的工作人员，还要承担部分公众服务性质的支出，将使空港经营很难获利。据一项研究表明，年旅客吞吐量在300万人次以下的空港很难盈利，需要政府或其他方面提供财力支援才能维持。

小贴士▼

2010年，我国有超过70%的空港出现亏损，但亏损量较小，130余座空港亏损总额为16.8亿元。四川的空港中，只有成都双流国际机场和九寨沟机场盈利。

（二）土地使用问题

从空港的兴建开始，就面临土地使用问题。兴建空港的选址，必须考虑符合空港运营的需要、社会效益和投资方面的要求等，主要包括与邻近机场的空域和航路协调，周边障碍物情况，当地主风向、气温、雾情等，空港的进出通道设计、地价、噪声对周边地区的影响等也不得不考虑。

小贴士▼

在主风向变化较大的地区，空港可修建多条交叉的跑道，风向变化时选择与风向相差不大的跑道使用。常年风向变化不大的地区，空港可修建几条平行跑道，如亚特兰大机场(见图5-30)。

图 5-30 亚特兰大机场

小贴士▼

空港在土地使用矛盾难以调和的情况下，可选择填海、炸平山地等方式修建机场，尽管增大了成本，但却能有效避免经营中会发生的土地使用冲突，如香港新机场就是填海修建的(见图5-31)。

图 5-31 香港新机场

（三）空港拥挤问题

随着航空运输业的高速发展，许多一线城市的空港容量处于饱和状态，解决的办法就是兴建第二机场，如上海已经拥有了两座国际机场，北京正在计划修建第二机场，成都的第二机场也已经规划出来。许多二线城市也在逐渐兴建机场，这将造成空港空中通道和空域的拥挤，同时兴建太多的机场也因土地使用等问题造成成本越来越高，不利于经营。综合各方面因素，对现有空港的扩容和合理的分配，充分利用较闲置的机场，二线城市利用较发达的地面交通和周边中心城市的空港相连，是较为适当的办法。

（四）环境和噪声污染问题

尽管航空制造业的进步使飞机噪声呈下降趋势，但随着航空运输量的增加，航班数量越来越多，噪声的影响也越来越明显，特别是大型空港周围，噪声污染尤为严重。

五、空港的规划

在兴建空港时，必须做好完善的规划，才能确保空港顺利建造和建成后正常运营。

（一）规划依据

规划依据主要包括：场地的工程地质和水文地质、气象(包括风、气温、湿度、雾、降雨量、雷暴、冰雹、雪、风沙、气压、能见度和天气变化统计)、地理地形等自然条件；

航空业务量预测、将要保障的机型、特征和发展趋势；

空港和城市的距离、相对位置、交通条件、城市发展规划、土地和附近居民点的分布；

和邻近空港、空域及禁飞区的关系、周围地区的障碍物情况；

无线电收发讯频率的划分、公用设施如供水、供电、煤气和燃油的获得；

植被和鸟类栖身地等生态环境。

（二）规划遵循的原则

规划要遵循以下原则：

统一规划、分期建设，在满足最终发展设想的前提下，合理布置近期建设项目；

主要设施的分区既要满足各自的功能要求，又要协调它们之间的相互联系，各设施的容量互相平衡，保证飞机安全运行；

总体布局紧凑，使用灵活，有发展余地；

用地经济合理，少占或不占良田和居民点；

避免环境污染，维持生态平衡，使空港和它所依托的城市及周围地区协调发展。

随着民航运输的发展、飞机机型的更新、导航设施的改进，以及日益提高的环境标准等，空港总体规划必须是综合分析了技术、经济、政治、社会、财政、环境等诸因素后得出的技术可行、经济合理的最佳方案。

（三）规划内容

规划内容，因空港性质、规模和地理位置的不同而异，主要包括以下内容：

1. 进行航空业务量的预测

各种业务量的预测是制定规划的基础。预测期限分短、中、长期，短期预测年限低于5年，中期5~10年，长期为15年或更长，有时也对空港最终容量做出预测，预测内容包括飞机运行架次、机型组合、旅客人数、货物邮件运量和地面车辆交通量。预测方法有趋势外推法、经济模式、市场调查法和专家评估法。趋势外推法是根据历年业务量的统计数据，推算出年增长率以及预测未来交通量，适用于短期预测。经济模式是通过分析城市或地区间的人口、国民生产总值、工业发展水平、国民收入和航空运输费用等社会、经济因素，经过统计分析建立以若干经济指标为自变量的数学模型预测业务量，适用于中长期预测。市场调查法和专家评估法分别采用调查不同部门航空运输业务潜力和邀请航空公司、民航当局及经济方面的专家对某特定空港的业务量做出评估和预测。

2. 发展规模和标准的确定

根据预测业务量决定空港设施的近期、远期及最终的发展规模；飞机机型和航线航程决定飞行区的各项设施的几何尺寸和数量(即跑道、滑行道的长、宽、厚及间距、数量)；高峰每小时飞机架次和旅客人数决定航站区规模；货物年运量决定货物航站规模；并相应决定保证飞机安全飞行的通信导航、空中交通管制、气象设施；保证空港正常运行的供电、供水、供油等公用设施，及进出空港的道路及空港内道路、停车场的规模等。

3. 空港主要设施的平面布局

空港主要设施的平面布局包括飞行区、候机楼区、各种工作区、塔台和无线电通信导航设施、气象设施、供油设施、机务维修区、急救中心和道路等的布置。

飞行区的布置主要指跑道、滑行道、快速出口滑行道、联络滑行道、空中进出通道、停机机坪及飞行区排水系统的布置。其中跑道是最主要的部分，它的布置决定于跑道的数量和方位。滑行道的位置及尺寸取决于跑道的类别及使用的机型。在业务量繁忙的情况下，需要设置快速出口滑行道，它与跑道的夹角在30° 左右，其位置取决于使用的机型、接地速度、减速快慢和出口数目。停机坪根据停放飞机的机型和数量、场地条件来布置。

候机楼区(又称航站区)连接飞行区和地面工作区，是空港规划布局的重点。候机楼区的设施主要有候机楼本身、登机机坪、进出候机楼道路及停车场，对规模较大的空港在布局时还应考虑货场。

工作区是指包括航空公司、空港管理当局和武装警察、海关、检疫等部门在空港工作的人员办公和生活的地区，应相对集中地布置在与候机楼区相隔一定距离的地方，以不影响和干扰旅客及各种车辆的通行为原则；除必不可少的生活用房外，其他均应在空港外建造。

塔台应布置在整个空港的适中位置，不妨碍航站区的扩建。无线电通信导航各系统的台、站包括外、中、内指点标台、远程(近程)雷达站、航向台、下滑台、发讯台、全向信标/测距仪台等的位置，须结合空港规模、地形、场地条件和设备技术要求选点，必须能易于解决水、电等公用设施并与外界的道路接通。

气象设施包括气象观测站和气象雷达站。观测站应尽可能靠近飞行区，能观测跑道两端飞机进近区的天气变化，它的仪表应避免受到来自飞机喷气流的吹袭。气象雷达站的位置还应避免周围高耸建筑物对雷达波的遮挡。

供油设施包括卸油站、储油库、使用油库及机坪加油系统。卸油站的位置一般选在能接通铁路或靠近卸油码头的地方。根据飞行量的大小决定储油库的规模，库址应远离站坪或空港。场内使用油库则须与其他功能区段分隔开，并保持足够的安全距离。

机务维修区包括机库、维修车间、维修机坪、三站(制氧站、制氢站、压缩空气站)和机务外场工作间。机务维修区的规模和构成取决于空港机务维修规模及任务。机库及维修机坪的布置应与候机楼、货站相隔一定距离。承担航线检修的空港只设机务外场工作间及少量维修车间，它们的位置宜靠近停机坪。

消防、急救站的位置应尽可能靠近飞行区，和飞行区间设有直接、方便的道路相连，在最佳能见度和地面条件下，从消防站开出的消防车到达空港的最远端消耗的时间不能超过3分钟。为此，在有两条或多条跑道的大型空港，须布置两个或多个消防站，从消防站的观察控制室应能瞭望到空港飞行区里飞机活动情况。救援中心通常和空港消防站布置在一起。

进出候机楼的道路应结合城市规划的道路网布置进场道路，尽量把通往候机楼的车辆和其他服务车辆分开;通往各功能区的道路和各区段间的连接道路应综合布置;结合空港围界布置巡逻道路。

此外，空港总体规划还必须制定空港的环境设计及绿化布置;飞机噪声的隔离，水、空气污染的控制、鸟害的防治等措施;空港内的土地使用规划。并根据飞机运行产生的噪声影响情况，向当地城市规划部门提供空港附近土地使用规划的建议。

4. 土地使用规划

空港附近的土地宜分区控制使用，尽量使噪声污染的影响限制在容许范围之内，形成一个合理利用的环境。

根据对该空港运行的飞机机型、航线、运行次数及时间的预测或实测资料，通过计算或实测，求出飞机运行中各不同距离的感觉噪声级，并计算出有效感觉噪声级，做出空港噪声暴露预测。利用计算成果，绘出空港噪声暴露等强线图。将等强线图覆盖在土地利用地图上，根据国家关于空港附近噪声环境标准，对照等强线图即可对现在的土地使用情况是否适应做出评价。如果空港外的土地尚待开发，等强线图就是建立综合的土地使用分区要求的基础，对于超出环境噪声标准的建筑区，应提出采取妥善措施的建议。

5. 评价空港运行的社会经济效益

评价空港运行的社会经济效益包括直接经济效益和间接经济效益。直接经济效益通过分析空港投资和经营利润之间的关系，考虑时间因素，对空港工程进行总评价。评价方法有简单投资收益率、返本期、盈亏分析等。间接社会经济效益通过分析空港运行对城市和周围地区的工农业生产、旅游、外贸、资源开发、科技、文教等产生的经济效益，对空港工程进行总体评价。直接效益通常采用定量分析，间接效益则以定性分析为主、定量分析为辅。

在上述工作的基础上，完成空港总体布置图、空港和城市及邻近空港关系图、净空要求限制图、飞机离港、进近和复飞航线图、空港空域图、飞机运行噪声影响及附近土地使用规划图、风的分析以及规划总说明等。

因此，在空港的规划和设计工作中，要十分重视处理好空港与城市之间的关系。空港与城市的距离不宜过近也不宜太远，过近则相互干扰，相互影响，如飞机噪声对城市居民及环境的影响，城市建筑物和烟尘对机场净空和能见度的影响，而且还将影响到各自的发展。过远则使用不便，而且增加经常性的地面交通费用和地面行车时间。一般认为，空港与其所依托的城市之间，必须有快速便捷的地面交通，行车时间以不超过30分钟或40分钟为宜。空港所处的位置和跑道的方向，要使飞机起飞和降落时避免经过城市的上空。由于影响空港场地的因素是多方面的，必须根据具体情况作综合研究后确定。

第五节
国内主要空港

一、机场概况

新中国成立以来，在一些大城市已相继修建了机场，但是在初期大多数机场的规模较小、设备较差、吞吐量有限。至1987年年底，中国的民用机场有116个，其中民航系统使用的82个。航空航天工业部和体委使用的34个。此外，还有一定数量的军用机场。

我国绝大部分空运量集中在少数枢纽和重要机场，而多数一般机场的空运量很小。从全国的机场密度分布来看，大部分机场分布在哈尔滨–北京–西安–成都–昆明一线以东地区，有从东向西递减的趋势，航空运输量也有相同的分布特点。

我国民航运输机场的布局与空运市场布局是基本吻合的，与全国交通运输的布局、全国经济发展的地区差异也是吻合的，这说明目前我国机场的分布基本上是合理的。机场分布的不平衡是许多国家航空运输所具有的共性。多数发达国家的机场也集中分布在沿海的经济重心区，而且空运量也集中于少数大型航空枢纽，大多数机场的空运量相对较小。因此，机场布局与经济发展的地区差异相吻合，是航空运输发展的规律之一。在一定条件下，机场分布的不平衡是合理的。

从我国目前的机场分布与机场容量状况分析，与空运较发达的国家相比较，仍有很大的差距，且与我国航空运输的发展不相适应。从1986年国际民航组织的统计资料看，开放的公用机场，美国有5875座，法国有362座，印度有176座，我国只有90座。每万平方千米的机场数，美国为6.2座，法国为6.6座，印度为0.59座，我国只有0.09座，美国、法国、印度分别为我国的68倍、73倍和8.5倍。

与世界上许多大型机场相比较，我国的机场规模较小，容量有限。针对我国目前机场布局的现状，应尽快制定和完善全国机场建设的总体规划，对国际门户机场、干线机场、地方航线机场的数量、规模统筹安排，加强局部的宏观调节。在近期规划中，应适当留有发展的余地，对每一个机场的建设必须做可行性研究，尽量避免一扩再扩的重复施工或投资过大的不合理现象，使我国的机场布局趋于完善。

全国民用机场的布局和建设规划，由国务院民用航空主管部门同国务院其他有关部门制定，并按照国家规定的程序，经批准后组织实施。省、自治区、直辖市人民政府应当根据全国民用机场的布局和建设规划，制定本行政区域内的民用机场建设规划，并按照国家规定的程序报经批准后，将其纳入本区域国民经济和社会发展规划。民用机场建设规划应当与城市建设规划相协调，新建、改建和扩建民用机场，应当符合依法制定的民用机场布局和建设规划，符合民用机场标准，并按照国家规定报经有关主管机关批准并实施。不符合依法制定的民用机场布局和建设规划的民用机场建设项目，不得批准。新建、扩建民用机场，应当由民用机场所在地县级以上地方人民政府发布公告。

经过近年的高速发展，截至2013年年底，全国共有民航运输机场193座，预计2020年我国的民航运输机场将达到300座，形成华北、华东、中南、西南、西北五大机场群。

二、京津冀机场群

京津冀机场群的主要机场包括首都国际机场、天津滨海国际机场、石家庄正定国际机场和太原武宿国际机场。

（一）首都国际机场

首都国际机场(见图5-32)为我国目前规模最大的航空港，位于北京市东北部，东经116度35分04秒，北纬40度04分48秒，机场三字代码PEK，距天安门广场25.35千米，海拔高度35米，是我国地理位置最重要、规模最大、设备最齐全、运输生产最繁忙的大型国际航空港。首都国际机场不但是中国首都北京的空中门户和对外交往的窗口，而且是中国民用航空网络的辐射中心。

图5-32 首都国际机场

2010年，首都国际机场累计发送旅客7400余万人次，仅次于美国亚特兰大哈兹菲尔德-杰克逊国际机场(2010年发送旅客8930万人次)，取代了伦敦希思罗国际机场，名列世界第二位，这标志着首都国际机场在迈向国际大型枢纽机场道路上又前进了一大步。2013年，首都国际机场再创新高，完成旅客吞吐量超过8369万人次，同比增长2.2%；全年航班起降超过56.7万架次，同比增长1.9%，连续稳居世界第二。

首都国际机场拥有三座航站楼，两条4E级跑道、一条4F级跑道，以及旅客、货物处理设施，是中国国内仅有的两座拥有三条跑道的国际机场之一(另一座为上海浦东国际机场)。机场原有东、西两条4E级双向跑道，长宽分别为3800米×60米、3200×50米，并且装备有Ⅱ类仪表着陆系统;其间为一号航站楼、二号航站楼。2008年在机场东边建成了三号航站楼和第三条跑道，新跑道3800×60米，为4F级。

首都机场于1958年3月2日投入使用，是新中国首个投入使用的民用机场。当时仅有一座小型候机楼，现在称为机场南楼，主要用于VIP乘客和包租的飞机。1980年1月1日，面积为6万平方米的一号航站楼及停机坪、楼前停车场等配套工程建成并正式投入使用。一号航站楼按照每日起降飞机60架次、高峰小时旅客吞吐量1500人次进行设计。随着客流量的不断增大，一号楼客流量日趋饱和。重新规划的建筑面积达33.6万平方米、装备先进技术设备的二号航站楼于1995年10月开始建设，并于1999年11月1日正式投入使用，同时一号航站楼停用。随着客流量的继续增加，2004年9月20日，整修一新的一号航站楼重新投入使用，专门承接中国南方航空公司航班。二号航站楼每年可接待超过2650万人次的旅客，高峰小时旅客吞吐量可达9210人次。位于1号和2号航站楼东边的3号航站楼和第三条跑道已经于2008年2月29日建成投入使用，将能承接空中客车A-380等新型超大型客机。继当年2月29日六家航空公司在新的3号航站楼登机，3月26日又有20家航空公司转至3号航站楼，转场后3号航站楼承担首都机场60%旅客吞吐量。

(二)天津滨海国际机场

天津滨海国际机场(见图5-33)位于天津东丽区，东经117度20分，北纬39度07分，海拔高度3米，机场三字代码TSN，据天津市中心13千米，服务于北京、天津、唐山和秦皇岛等城市，是中国主要的航空货运中心之一。天津机场现有跑道2条，第一跑道3600米×45米，飞行区等级为4E级，第二跑道3300米×60米，飞行区等级为4F级，可满足各类大型飞机全载起降。由于北京首都机场规模较大且距离天津较近，目前滨海机场旅客和货运吞吐量均不大，是四个直辖市中规模最小的一个机场。随着天津滨海国际机场第二跑道于2010年7月开始开放客运运行，机场将逐步成为中国北方交通枢纽之一。

图 5-33 天津滨海国际机场

天津滨海国际机场前身为天津张贵庄机场，1950年新中国最早的两条民用航线就从这里始发，机场同时担负起新中国专业飞行和技术人才培养的任务，被誉为“新中国民航的摇篮”。1974年，天津机场被确定为首都机场的备降场，1979年4月开辟7条始发航线，结束了长期以来只能作为航线经停站的状况，当年旅客发运量1.27万人次，货邮发运量1806吨。1990年完成第四次扩建和2002年的飞行区改造后，天津机场成为华北地区仅次于首都机场的第二大国际机场，飞行区达到4E级。

图 5-34 在建的天津滨海国际机场新航站楼

1996年10月，天津机场被国务院升格为国际定期航班机场，后更名为“天津滨海国际机场”。2008年4月28日零时，修建以新的天津机场航站楼开始使用，以接替老航站楼用于客流运输。新航站楼采用指廊式布局设计，主体建筑面积11.6万平方米，建筑物最大高度43米，单层面积5万平方米，总面积达到25万平方米，旅客吞吐量1700万人次，货邮吞吐量50万至60万吨；设有60个值机柜台，6台自助值机设备，

17条安检通道，19个登机桥。天津机场仍在扩建中，扩建后的新航站楼预计2014年投入使用(见图5-34)。

图5-35 石家庄正定国际机场

（三）石家庄正定国际机场

石家庄正定国际机场(见图5-35)前身是石家庄正定机场，2008年7月2日，中国民航局批复同意更名为“石家庄正定国际机场”。正定国际机场位于石家庄市东北，距市区32千米，是经国家批准的国际口岸机场，隶属于河北机场管理集团有限公司，是首都机场的备降机场和分流机场，是河北省重要的空中交通门户和对外开放窗口，现已发展成中国北方重要的国际航空货运中转基地。

图5-36 安-225运输机在石家庄正定国际机场

石家庄正定国际机场飞行区等级4E级，跑道全长3400米，宽45米，每侧道肩7.5米，总宽60米，建有等长平行滑行道1条，快速出口滑行道2条，可保障世界上各类大型飞机起降。2006年9月30日，石家庄正定机场保障了世界最大的飞机安-225“梦幻”运输机起降，2011年3月24日，安-225运输机携带139吨运往日本的救灾物资，第五次降落在石家庄正定国际机场，石家庄机场是我国迄今为止唯一起降过安-225飞机的机场(见图5-36)。

（四）太原武宿国际机场

图 5-37 太原武宿国际机场夜景

太原武宿国际机场(见图5-37)位于太原市东南方向，距太原市13.2千米，三字代码为TYN，太原机场始建于1939年，曾于1968年和1992年进行过两次扩建。经过1992年的扩建，机场航站楼面积达2.58万平方米，跑道长3200米，是国内干线机场及首都国际机场的备降场。2008年完工的再次扩建工程，使太原机场的飞行区等级达到4E级，2010年旅客吞吐量突破500万人次，迈入了大型机场行列。

三、长三角机场群

长三角地区除了上海虹桥和浦东两座国际机场外，在300千米范围内，还有杭州萧山国际机场、南京禄口国际机场和宁波栎社国际机场等主要机场，另外，附近的温州、无锡等也有市场需求旺盛的机场。

（一）上海虹桥国际机场

上海是我国目前唯一拥有两座民用国际机场的城市，上海空港与北京首都国际机场、香港新机场并称中国三大国际航空港。

作为上海第一个民用机场的上海虹桥国际机场(见图5-38)历史悠久，它的前身是建于1921年3月的民国虹桥机场，抗日战争时期被日军占领。新中国成立后，重建虹桥机场，此后一直作为军用机场。直到1963年，被国务院批准再次成为民用机场。

图 5-38 上海虹桥国际机场

上海虹桥国际机场位于上海市西郊，东起环西大道，西至铁路新南环线，南到沪青平高速公路，北临沪宁铁路，距离市中心仅13千米，距离浦东机场约40千米。

上海虹桥国际机场拥有长3400米、宽57.6米的跑道和长3300米、宽60米各一条，三字代码SHA，飞行区等级4E，可起降波音747等宽体客机。满足年旅客吞吐量4000万人次、货邮吞吐量100万吨和飞机起降量30万架次的交通量需求。

（二）上海浦东国际机场

上海浦东国际机场(见图5-39)地处上海浦东新区机场镇、施湾镇、南汇县的祝桥镇、东海镇的濒海地带，距上海市中心约30千米，距虹桥机场约40千米。

上海浦东国际机场1997年10月动工建设，1999年9月建成通航，2005年3月启用第二跑道，2008年3月启用第三跑道和第二航站楼。

上海浦东国际机场拥有三条跑道，尺寸分别为4000米×60米、3800米×60米和3400米×60米，飞行区等级为4F级，三字代码PVG。浦东国际机场拥有航站楼2座，其中1号航站楼27.8万平方米，2号航站楼48.55万平方米；停机坪面积149万平方米，停机位218个，登机桥70座，值机柜台556个。目前，浦东机场日均起降飞机约800架次，占上海空港的60%左右。

图5-39　上海浦东国际机场

（三）杭州萧山国际机场

杭州萧山国际机场(见图5-40)是华东地区第二大国际机场，仅次于上海空港。杭州萧山国际机场是国内重要干线机场、重要旅游城市机场和国际定期航班机场，也是上海浦东国际机场的主备降机场。杭州萧山国际机场是亚洲的门户机场，为亚洲一级国际机场，国际航班数量居亚洲机场第21位，中国机场第5位。萧山一直是浙江空港的代名词。在机场航班方面，杭州萧山国际机场遥遥领先于南京禄口国际机场、宁波栎社国际机场、福州长乐国际机场。

图 5-40 杭州萧山国际机场航站楼

杭州萧山国际机场位于钱塘江南岸，距杭州市中心27千米，有一条3600米×45米跑道，飞行区等级为4E级，三字代码HGH。航站楼按高峰小时旅客3600人次的使用要求设计建设，建筑面积约10万平方米(其中地下停车场2.2万平方米)，候机大厅共设36个办票柜台，拥有停机坪34万平方米、机位30个，货站占地面积约5.7万平方米，仓库面积约1.5万平方米。目前正在兴建尺寸为3400米×60米的第二条跑道。

（四）南京禄口国际机场

南京禄口国际机场(见图5-41)位于江苏省南京市东南部，距南京市中心直线距离为35.8千米。南京禄口国际机场1995年2月28日正式开工，1997年7月1日香港回归祖国之日正式通航。2008年12月29日，禄口机场二期扩建工程开工，包括新建停机坪18.5万平方米，增加停机位17个；增建远机位候机室，增加安检通道、值机柜台、停车场等设施。

图 5-41 南京禄口国际机场

南京禄口国际机场是中国重要的干线机场，是华东地区的主要货运机场，与上海虹桥机场、浦东机场互为备降机场。机场建有一条3600米×60米的跑道和一条3600米×45米的滑行道，以及相应助航灯光设施，飞行区等级为4E级，三字代码NKG；候机楼建筑面积13.2万平方米，实行进出港分流；货运仓库库内面积6700平方米，库外面积4.5万平方米；机坪面积45.7万平方米，其中货机坪7.00万平方米，具备特殊货物处理能力。

图 5-42 宁波栎社国际机场

南京禄口国际机场2009年旅客吞吐量1083.72万人次，货邮吞吐量20万吨，旅客吞吐量排名全国机场第12位，货邮吞吐量排名全国机场第9位。

（五）宁波栎社国际机场

宁波栎社国际机场(见图5-42)位于宁波市西南，距市区约12千米，从机场至主要铁路公路站点、高速公路入口处、市区仅需10~30分钟车程，交通非常便捷。

1985年，国务院、中央军委批准立项建设宁波民用机场。1990年6月30日，耗资1.26亿元的宁波栎社机场正式投入使用，是浙江省的第一座民用机场。目前，机场现有跑道尺寸为3200米×60米，配有国际先进的通信导航和航行管制设备，达到4E级标准，三字代码NGB。机坪面积14.2万平方米，有16个停机位，其中7个近机位。现使用的候机楼总建筑面积4.35万平方米，按年旅客吞吐量380万人次、高峰小时1700人次的要求建设。地下车库1.34万平方米，地面停车场5271平方米，可同时停靠330多辆小车和30辆大客车。航空货站建筑面积达到7881平方米，拥有国内出发到达、国际出发到达4个库区，功能设置基本达到了现代物流要求标准。

四、珠三角机场群

珠三角地区毗邻港澳，是对外交往非常多的地区，以航空枢纽广州白云国际机场为中心，100千米范围内有深圳宝安国际机场、珠海三灶机场、香港国际机场和澳门国际机场4座4E级机场。

（一）广州白云国际机场

广州白云国际机场位于广州市北部，白云区人和镇和花都区新华街交界处，距广州市中心海珠广场直线距离为28千米，于2004年8月5日正式启用。白云机场是我国首个按国际枢纽机场标准进行规划设计的超大型枢纽机场，也是目前国内规模最大、功能最先进、现代化程度最高的国际机场，是全国三大枢纽机场之一。

广州白云国际机场原址位于广州市白云区白云山西侧，于1933年夏季建成竣工。最初的白云机场主要用于军事目的，后来才改建成民用机场。改革开放后白云机场发展迅猛，其旅客吞吐量和起降架次曾经连续8年位居全国第一。但由于老白云机场位于市区中心，虽经过数次扩建但仍远远无法满足需求，使用量也早已饱和，白云机场必须搬迁才能满足日益增大的需求。于是新白云国际机场的选址工作从1992年就开始进行。经过多年的准备，新白云机场于2000年8月正式破土动工。经过四年的建设，广州新白云国际机场于2004年8月2日落成竣工，并于同年8月5日零时正式启用，同时为广州市民辛勤服务了72年的老白云机场也随之关闭。

新白云国际机场(见图5-43)海拔15米，一期共有两条平行跑道，分别位于航站楼(见图5-44)的东西两侧。其中东跑道尺寸为3800米×60米，西跑道尺寸为3600米×45米，飞行区等级为4F级，三字代码CAN。白云国际机场还将在现跑道东部新建第三条跑道，计划尺寸为3800×60米。

作为中国三大枢纽空港之一，广州白云国际机场2010年圆满完成了广州亚运会的保障任务，完成飞机起降32.92万架次，旅客吞吐量4097.84万人次，货邮吞吐量114.45万吨。现有定期航班通航城市140个，其中国内通航城市98个，国际通航城市40个，地区通航城市2个。截至2010年年底，广州白云国际机场现有定期航班航线165条，其中国内航线116条，国际航线46条，地区航线3条。国际航班密度由原来每周426班增加到每周505班。

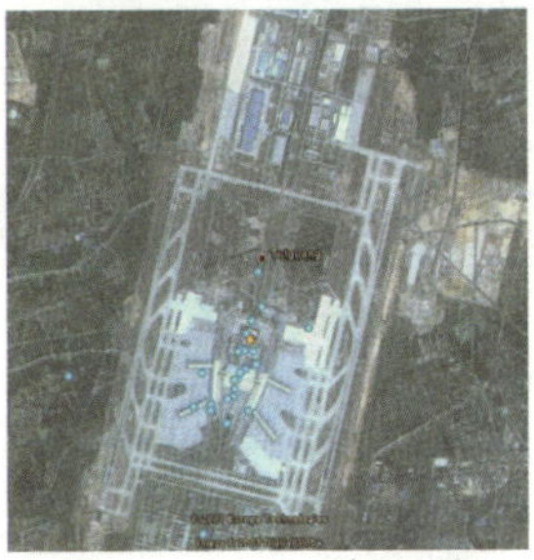

图 5-43 广州白云国际机场

图 5-44 广州白云国际机场航站楼

（二）深圳宝安国际机场

深圳宝安国际机场(见图5-45)是具有海、陆、空联运的现代化航空港，是世界百强机场之一，1991年正式通航，1993年成为国际机场。深圳宝安国际机场作为中国

图 5-45　深圳宝安国际机场

第四大航空港，目前开通107条国际国内航线，可通达80余个国内国际城市和地区，是中国珠江三角区重要的空运基地之一。

深圳宝安国际机场坐落在东经113度49分，北纬22度36分，距离深圳市区32千米，占地11平方千米，跑道尺寸为3400米×45米，飞行区等级为4E级，是中国境内第一个实现海、陆、空联运的现代化国际空港，也是中国境内第一个采用过境运输方式的国际机场。2010年深圳宝安国际机场旅客吞吐量、货邮吞吐量及航班起降架次分别完成2671.3万人次、80.8万吨和21.7万架次，连续9年居内地城市第四位。

（三）珠海三灶机场

珠海三灶机场(见图5-46)位于珠海西区三灶岛西南端，东经113度23分，北纬22度01分，三面环海，东邻香港、澳门，距珠海和澳门市区均为35千米。

珠海三灶机场拥有一条4000米×60米的跑道，飞行区等级为4E级，三字代码为ZUH。由于珠海机场毗邻港澳和广州，被以上城市的机场分流大量的客货运量，2010年发送旅客仅182万人次，列居全国45位，远没达到设计的1200万人次的运输保障能力，珠海机场还有很大的运力空间可利用。

首届中国国际航空航天博览会于1996年在三灶机场成功举办，该博览会简称“中国航展”或“珠海航展”，截至2010年已举办8届，珠海是目前唯一举办中国国际航空航天博览会的城市，三灶机场也就成了历届中国航展的主办场(见图5-47)。

图 5-46　珠海三灶机场

图 5-47　2004 年珠海航展上的飞行表演

五、西部主要机场

我国西部的主要机场包括成都双流国际机场、昆明长水国际机场、重庆江北国际机场、西安咸阳国际机场、乌鲁木齐地窝堡国际机场和拉萨贡嘎机场等。

（一）成都双流国际机场

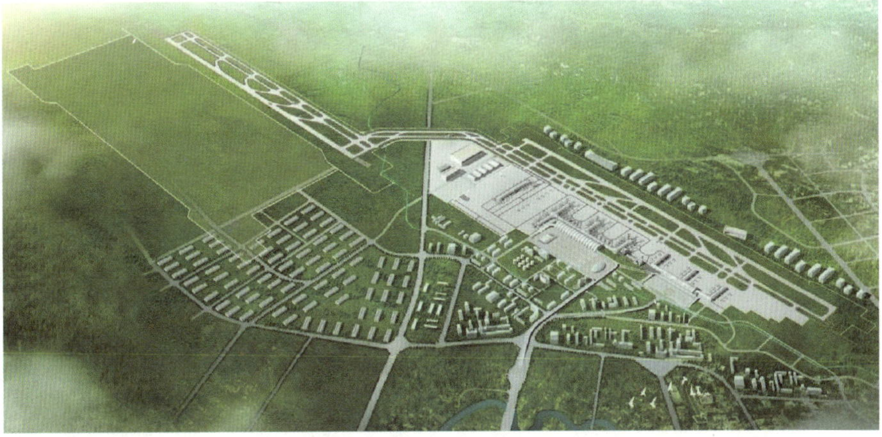

图 5-48 成都双流国际机场

成都双流国际机场(见图5-48)位于四川省成都市双流县北部，地理位置为东经103度57分02秒，北纬30度34分47秒，距成都市中心约16千米，有高速公路与市区相通，即将开通快速铁路与城市交通网相连，是我国西南地区重要的航空枢纽港和客货集散地。成都双流国际机场是中国民航继北京首都国际机场、上海浦东国际机场后第三家开放Ⅱ类的机场。现有民航西南管理局、中国国际航空公司西南公司、四川航空股份有限公司等20多个民航和口岸单位驻扎。成都双流国际机场是前往拉萨贡嘎机场的最大中转机场，也是前往昌都邦达机场、林芝米林机场的唯一中转机场。

图 5-49 成都双流机场航站楼位置图

成都双流国际机场东跑道尺寸为3600米×60米，飞行区等级为4F级；西跑道为3600米×45米，飞行区等级为4E级，三字代码CTU。机场现有机坪面积67万平方米，各类机位71个，随着T2航站楼的竣工(见图5-49)，机场设施还将大幅度增加。2010年成都双流国际机场发送旅客2580.58万人次，在内地城市排名第五，与排名第四的深圳宝安国际机场相差不到100万人次。2012年，成都双流国际机场旅客吞吐量超过3000万人次，超过了深圳宝安国际机场，成为全国第五个、中西部首个进入“3000万级机场俱乐部”的机场，在内地城市排名第四，机场排名第五（上海两座机场均排在前面）。2013年，旅客吞吐量超过3340万人次，又上了一个新台阶。

成都双流国际机场原名双桂寺机场，1938年修建，道面为泥面，供小型双翼飞机起降;1944年扩建，跑道长1400米，用石灰、卵石拌和碾压，可供15吨以下飞机使用。1956年12月12日，中央军委总参谋部批准将双桂寺机场划归民航使用，随即正式列为民航机场序列，并更名为“成都双流机场”。1957年，成都民航的飞行由广汉机场转场至双流机场。后经多次扩建，特别是1994–2001年，机场先后对飞行区和航站区进行了大规模扩建，总投资达28亿元人民币，使飞行区等级指标达到4E，跑道延长至3600米。2009年10月1日第二跑道试飞成功，使双流机场成为了中国内地第四座拥有第二跑道的机场，随着T2航站楼的竣工和交付使用，将确立成都全国第四航空枢纽的地位。

（二）昆明长水国际机场

昆明长水国际机场(见图5-50)位于昆明东北方向的官渡区长水村，是中国最重要的国际口岸机场和全国起降最繁忙的国际航空港之一，是中国西南地区门户枢纽机场。

图 5-50　昆明长水国际机场

原昆明民用机场是巫家坝国际机场，距昆明市区仅6千米，是我国省会城市民航机场中离市区最近的机场。巫家坝机场始建于1922年，在第二次世界大战时期，昆明巫家坝机场是飞虎队主要基地和司令部所在地，也是举世闻名的驼峰航线的终点。经过1958年、1993年、1998年3次改扩建，航站楼设计容量1037万人次，但仅2008年巫家坝机场的客运吞吐量就达到了1528万人次，2011年达到2227万人次，远远超出了现有航站楼设计容量，成为了中国第七个吞吐量超过2000万的国际机场，机场运营压力巨大。由于距市中心过近，不具备改扩建条件，在2007年开始修建新的长水国际机场，并于2012年6月28日正式启用新机场，同时关闭了巫家坝国际机场，巫家坝机场的三字代码KMG也由长水机场承用。

目前，昆明长水国际机场开通航线319条，其中国内航线275条、国际航线38条、地区航线6条；通航城市118个，包含国内城市89个，地区城市3个，国际城市26个。

昆明长水国际机场规划到2020年，旅客吞吐量3800万人次、货邮吞吐量95万吨、飞机起降30.3万架次，远期可达8000万人次。启用后的2013年，累计完成年旅客吞吐量2969万人次，完成航班起降25.5 万架次，完成货邮吞吐量29.4万吨，在内陆地区排名第七。

（三）重庆江北国际机场

图 5-51 重庆江北国际机场

重庆江北国际机场(见图5-51)位于重庆市郊东北方向21千米的渝北区两路镇，是西部地区第四大机场、西南地区三大航空枢纽之一，也是未来国家规划的五大枢纽机场之一，率先在西部地区开通直飞欧洲的航线。

重庆江北机场拥有两条跑道，尺寸分别为3200米×45米和3600米×60米，飞行区等级为4F级，三字代码CKG。重庆江北国际机场目前共有三个航站楼，分别为用于国内候机的T2A、T2B航站楼和国际候机的T1航站楼。国内航站楼建筑面积18万平方米，将满足机场年飞机起降量26万架次、年旅客吞吐量3000万人次和年货邮吞吐量45万吨的需要，停机坪38万平方米，可停放45架飞机。

重庆江北国际机场2010年旅客吞吐量达到1580.01万人次，列内地第十位，西部第四位。2013年，重庆江北国际机场吞吐量同比增长14.6%，达到2524万人次。创下重庆江北国际机场通航以来年旅客吞吐量历史新高。

（四）西安咸阳国际机场

西安咸阳国际机场(见图5-52)位于中国内陆中心，是中国西北地区最大的空中交通枢纽，1984年经邓小平同志批准建设，1991年9月1日投入运营，是中国第八大机场。

图 5-52　西安咸阳国际机场

西安咸阳机场位于陕西省西安市西北、咸阳市东北面的黄土塬上，北纬34度26分50秒，东经108度45分06秒，海拔479米，至西安市中心47千米，距离咸阳市13千米，三字代码XIY。现有两条跑道，一条3000米×45米跑道，飞行区等级为4E级，另一条3800米×60米跑道，飞行区等级为4F级。

西安咸阳机场现有停机位59个，候机楼两座，共10万平方米。机场设计能力为年飞行10万架次、年旅客吞吐量5000万人次、货邮吞吐量50万吨，高峰32架次/时航班保障能力。2010年实际吞吐量达到1801万人次，在内地城市排名第七位；2011年机场旅客吞吐量已超过2000万人次。2012年机场旅客吞吐量达到2342万人次。

西安咸阳国际机场和国内外20家航空公司建立了业务往来，其中国内航空公司14家，国际、地区航空公司6家，目前这20家航空公司在机场经营150余条航线，每天有400余架次的航班在机场起降。西安咸阳国际机场有国际和地区直达通航城市6个，为中国内地国际通航城市第四位、西部地区最多的城市，为改善陕西投资环境、推动陕西对外开放和旅游、经贸及文化事业的发展做出了积极的贡献。

（五）乌鲁木齐地窝堡国际机场

乌鲁木齐国际机场(见图5-53)位于新疆维吾尔自治区首府乌鲁木齐市郊西北地窝堡，距市区16千米。乌鲁木齐机场原为中苏民用航空机场，1970年7月经国务院批准进行扩大规模扩建。1973年建成和对外开放，是中国五大门户机场之一。

图 5-53 乌鲁木齐地窝堡国际机场

乌鲁木齐地窝堡机场位于东经87度28分27秒、北纬43度54分26秒，海拔648米，有3600米×45米跑道一条，飞行区等级为4E级，三字代码URC。2010年发送旅客914.8万人次，内地城市里排名第17位。

乌鲁木齐国际机场是国家民用一级机场，始建于1939年，从1950年至今经历了数次的扩建和续建。20世纪80年代初乌鲁木齐国际机场曾跻身于全国四大国际机场之一。目前，乌鲁木齐国际机场已成为我国西部重要的枢纽机场之一，可满足高峰期每小时2000人次，旅客年吞吐量405万人次，货邮年吞吐量41350吨的需求。承担着新疆境内10个机场的中转任务，共开辟航线113条，其中国内航线99条，国际航线14条，与北京、上海、广州、香港、伊斯兰堡、莫斯科等60个大中城市通航。先进的机场设施、独特的区位优势和热情周到的服务吸引了国内外14家航空公司在乌鲁木齐国际机场运营。

图 5-54 拉萨贡嘎国际机场

（六）拉萨贡嘎国际机场

拉萨贡嘎国际机场(见图5-54)是西藏最大的机场，是一座军民两用机场，驻场机构除了民航拉萨场站之外，还有成都军区空军拉萨指挥所。

拉萨贡嘎机场位于东经90度54分43秒、北纬29度17分52秒，西藏自治区山南地区贡嘎县甲竹林镇，坐落在壮丽的雅鲁藏布江南岸，在拉萨市西南97千米。拉萨贡嘎机场海拔3569.5米，是世界上海拔最高的民用机场之一。贡嘎机场有一条4000米×45米跑道，飞行区等级为4E级，三字代码LXA。2010年，贡嘎机场旅客吞吐量达

129.6万人次，列居全国内地城市第49位。

拉萨地处“世界第三极”的青藏高原，高寒缺氧，气候恶劣，境内多高山，平均海拔在4000米以上，是被世界公认为飞行难度极高的“空中禁区”，因此通往贡嘎机场的航线也是公认的难度极高的航线。

通往西藏的空中大门于1956年打开，当时的民航拉萨场站设在当雄机场。1965年贡嘎机场建成后，民航拉萨场站迁往贡嘎机场，并开通了北京—成都—拉萨航线，才真正揭开了西藏的神秘面纱。贡嘎机场投入使用初期，没有飞行助航灯光等夜航设施，一直未开放夜航。直到2008年6月24日，贡嘎机场飞行区助航灯光工程建成，27日试飞成功，11月13日正式开通飞往成都的夜间航线，贡嘎机场才实现全天候开放，结束了西藏民航43年无夜航的历史。

六、港澳台机场群

在港澳台地区，有香港国际机场和台北桃园国际机场两座国际性枢纽机场，澳门国际机场也起着重要的作用。

（一）香港国际机场

香港国际机场(见图5-55)于1992年正式动工填海修建、1998年正式启用，是现时香港唯一运作的民航机场。由于机场位于新界的大屿山以北赤鱲角人工岛上，因此也称为赤鱲角国际机场。

图5-55 香港国际机场

香港国际机场位于东经113度54分52秒、北纬22度18分32秒，海拔高度7米，距离香港市区34千米，拥有两条3800米×60米跑道，飞行区等级为4F级，三字代码HKG。2010年，香港国际机场的客货吞吐量分别突破5000万人次和417万吨，创历史新纪录，其中货运量再次超过了美国孟菲斯国际机场，排名全球第一。

香港国际机场现有两座客运大楼，有停机位96个，有89家航空公司每日提供约750架次定期客运及全货运航班，来往香港及约150个遍布全球的目的地，其中约76%的航班采用宽体喷气式飞机。为满足日益增加的航空交通需求，香港国际机场正不断增添新设施及建筑;随着多项扩展计划完成，香港国际机场正发展成亚洲的客货运枢纽。香港国际机场的发展目标是每年的客运量将达8700万人次、货物吞吐量达900万吨。

香港国际机场启用之前，香港唯一的民航机场是位于九龙城区的启德国际机场。由于启德机场位于市区，多年以来给城区居民造成很大不便，1990年吞吐量已远超饱和。1989年港督卫奕信宣布兴建新机场及相关配套设施，由于新机场填海修建、造价昂贵，而且工程所需的借贷无可避免会跨越1997年，中方曾经多次批评新机场工程将会对香港特区政府造成财政负担。随后中英两国通过中英联合联络小组，就新机场的财务安排进行谈判。1991年9月3日，英国与中国签署《关于香港新机场建设及有关问题的谅解备忘录》，达成修建香港新机场的协议。

新机场的工程于1992年正式动工，新机场位于大屿山以北的人工岛上，面积为12.5平方千米。人工岛包括原赤鱲角岛、榄洲以及填海所得的土地。新机场历时6年才建成，1998年7月2日由时任国家主席江泽民主持开幕仪式，7月6日正式启用，同时启德机场关闭。

（二）澳门国际机场

澳门国际机场(见图5-56)是澳门特别行政区内唯一的机场，1995年11月正式投入使用。它是珠江三角洲与世界各地之间的重要桥梁，全日24小时运作。

澳门国际机场位于东经113度35分30秒、北纬22度08分58秒，海拔6米，一条3360×45米的跑道修建于一个条状的填海地段之上，飞行区等级为4E级，三字代码MFM。跑道与氹仔岛上的主楼及空中交通管制设施相连接，与裙楼之间由两条桥相连接，设计客运量为每年600万乘客。

图5-56 澳门国际机场

长期以来，由于澳门既无铁路，又无深水码头，人员出入和经贸往来主要通过香港和珠海。澳门有史以来最大的工程——澳门国际机场于1989年正式开工，1995年建成启用。结束了澳门不能直接与世界通航的历史，圆了澳门几代人盼望已久的“蓝天梦”。

澳门国际机场的面积不大，采用人工填海方式兴建，为目前世界上完全建筑在海上的第二个机场。客运大楼面积45000平方米，设计容量每年600万人次，共有24个停机坪(见图5-57)，其中四个附设登机廊桥，是珠江三角洲与世界各地之间的重要桥梁。澳门国际机场是中国大陆与台湾之间的空中客运交通中转站之一，也是世界上为数不多的且可以到朝鲜的直航航班的机场之一。

图5-57 澳门国际机场停机坪

（三）台北桃园国际机场

台北桃园国际机场(见图5-58)，原称“中正国际机场”“中正国际航空站”，是为纪念蒋介石(字中正)而命名。2006年9月6日，陈水扁“政权”本着“去中国化”目的，将“中正国际机场”更名为“桃园国际机场”。桃园机场位于台湾桃园县大园乡，与台北市相距约40千米，有机场高速直达市区，车程约40分钟，是台湾岛内最大最繁忙的机场。

图 5-58　台北桃园国际机场

台北桃园国际机场位于东经121度13分58秒、北纬25度04分39秒，海拔高度33米，有3660米×60米、2752米×45米和3350米×60米跑道各一条，飞行区等级为4E级，三字代码TPE。

中正国际机场是20世纪70年代台湾推动的“十大建设”国家基础建设计划里面的一项，于1979年2月26日启用，取代了位于台北市区的松山国际机场，成为台北市的主要国际机场，是当时亚洲最现代化的几个国际机场之一。中正国际机场启用后，松山机场的航班改为岛内航班为主，国际线部分则仅提供零星包机、政要专机起降。2008年起两岸直航后，因为旅客数量剧增，通航后随即取代衰退的岛内航线，成为松山机场的主要航线航班。

台北桃园国际机场现有客运停机坪636220平方米，停机位22个；接驳停机坪132446平方米，停机位8个；货运停机坪169600平方米，停机位15个；修护停机坪206212平方米，停机位20个。

思考与练习

1.空港的发展经历了哪几个阶段?

2.根据用途不同，空港可分为哪些类?

3.空港在经济发展中有何作用?

4.空港由哪几部分组成?

5.飞行区技术等级的数字和字母分别有什么含义?

6.我国第一座4F机场是哪个机场?目前我国有哪些4F机场?

7.简述旅客乘机的流程。

8.目前，世界上空港的管理体制有哪些?不同的管理体制使用情况如何?

9.为什么飞机要防止“鸟击”?

10.机场跑道积水、结冰、积雪对飞机性能有何影响?

11.地面勤务需要的车辆有哪些?各种车辆的作用是什么?

12.空港与航空公司的关系有何特点?

13.什么是空港的容量?名义容量与实际容量有何区别?

14.可采取哪些有效方法减少空港延误和增加容量?

15.空港发展面临的主要问题有哪些?

16.空港规划的依据和原则是什么?

附录　我国主要4E级以上机场一览表

城市	机场名	跑道长度(米)	城市	机场名	跑道长度(米)
北京	首都	3800、3800、3200	沈阳	桃仙	3200
上海	虹桥	3400、3300	大连	周水子	3300
	浦东	4000、3800、3400	哈尔滨	太平	3200
广州	白云	3800、3600	武汉	天河	3400
成都	双流	3600，3600	杭州	萧山	3600
深圳	宝安	3400	石家庄	正定	3400
昆明	长水	4500、4000	三亚	凤凰	3400
乌鲁木齐	地窝堡	3600	海口	美兰	3600
福州	长乐	3600	太原	武宿	3200
厦门	高崎	3400	桂林	两江	3200
重庆	江北	3200、3600	贵阳	龙洞堡	3200
天津	滨海	3600、3300	青岛	流亭	3400
南京	禄口	3600	珠海	三灶	4000
西安	咸阳	3000、3800	济南	遥墙	3600
拉萨	贡嘎	4000	宁波	栎社	3200
南昌	昌北	3600	合肥	新桥	3400
呼和浩特	白塔	3600	郑州	新郑	3400
香港	香港	3800、3800	无锡	硕放	3200
台北	桃园	3660、2752、3350	澳门	澳门	3360